本书是2022年度广西高校大学生思想政治教育理论与实践研究课题“新时代大学生网络素养教育路径研究”的成果之一。

大学生网络素养教育

曾振华◎主编

天津出版传媒集团
天津科学技术出版社

图书在版编目（CIP）数据

大学生网络素养教育 / 曾振华主编. -- 天津：天津科学技术出版社, 2023.3
ISBN 978-7-5742-0827-8

Ⅰ. ①大… Ⅱ. ①曾… Ⅲ. ①大学生－计算机网络－素质教育－研究 Ⅳ. ①TP393

中国国家版本馆CIP数据核字(2023)第022690号

大学生网络素养教育
DAXUESHENG WANGLUO SUYANG JIAOYU

责任编辑：马　悦
责任印制：兰　毅

出　　版：天津出版传媒集团
　　　　　天津科学技术出版社
地　　址：天津市西康路35号
邮　　编：300051
电　　话：（022）23332490
网　　址：www.tjkjcbs.com.cn
发　　行：新华书店经销
印　　刷：定州启航印刷有限公司

开本 787×1092　1/16　印张 11.75　字数 220 000
2023年3月第1版第1次印刷
定价：68.00元

前 言

习近平总书记指出："互联网是一个社会信息大平台，亿万网民在上面获得信息、交流信息，这会对他们的求知途径、思维方式、价值观念产生重要影响，特别是会对他们对国家、对社会、对工作、对人生的看法产生重要影响。"互联网的发展和其对社会和人的影响都是不可阻挡的，只有顺势而为，因势利导，教育引导人们科学认识互联网，合理应用互联网，才能使人们更好地适应互联网时代的变革，驾驭互联网，推动社会和自身的发展，这是开展网络素养教育的目的。

当前我国正处于中国特色社会主义新时代发展的关键时期，国家发展迎来了全面数字化、信息化、智能化的新一轮技术革命浪潮，新机遇、新挑战、新要求都迫使人们面对"如何适应数字时代的巨变"这一时代的重大课题，为此，网络素养必然成为时代新人重要的素质能力要求，而网络素养教育则成为现代人适应数字时代，驾驭、持续和推进数字时代向前发展的基础课、必修课。因此，针对未来国家发展的中坚力量——大学生，开展系统全面的网络素养教育是时代进步之需、国家发展之需、个人成长之需。

然而，当前大学生的网络素养教育相对滞后，对于思想价值观尚未成熟的大学生而言，互联网无疑是一把双刃剑。一方面，网络为大学生的发展开拓了无限的空间，海量信息为大学生发展提供了无限资源，信息传输与接受方式的革命性转变激发着大学生思维模式、行为模式的创新发展；另一方面，大学生对网络本质认识不清，对网络的特点把握不准，虚实世界的切换不能有效自如地进行，网络对大学生的异化作用凸显。现实中，大学生在网络信息世界中具有简单点击、盲目盲从、随性随意、依赖成瘾等行为特点，并由此引发诸多行为失范的问题，究其原因都是网络素养缺失，集中体现在网络操作能力参差不齐、网络信息舆论识别不清、网络道德与法律意识淡薄、网络自主自控能力不足等方面。可见，我国推进网络素养教育重要而迫切。

同时，我们要看到互联网与人们的生产生活融合度越来越高，对人的全面发展影响越来越大，网络素养的内涵也越来越丰富，网络素养教育的任务不应局限于信息技术操作层面，更要融入思想认知、道德法律、价值判断、情感心理、文化传承与创新等方方面面的教育领域。为此，本书在绪论中回顾了互联网发展的50多年历史，探讨互联网的本质和特征，并由此帮助读者深刻理解当下互联网快速迭代发展中所出现的种种现象和问题，从而帮助读者认识到在互联网信息化时代下，提升人们网络素养的重要性和必要性。本书又用七章内容从大学生的视角，分别从与大学生成长发展紧密相关的七个网络应用方面探讨网络素养的内涵，即网络信息素养、网络道德素养、网络安全素养、网络舆论素养、网络社交素养、网络心理素养、网络文化素养，并引用大量的案例、数据帮助读者理解网络素养各方面的要求，探寻有效提升网络素养的策略和路径。

本书作为积极推动大学生网络素养教育发展的一个探索尝试，期望能够引起读者对提升网络素养的重视，对大学生认识互联网、擅用互联网、发展互联网起到一定的启发作用，帮助大学生增强信息获取、选择、批判、传播、创造等能力和素质，就像帮助人们找到一个筛子，能够主动选择过滤信息，不再盲目、被动接收信息，而是积极地、有目的地获取与解读信息，懂得利用网络媒介提供的信息为自身的成长成才服务。

本人在编写过程中受益匪浅，希望读者在阅读本书时收获更多。由于书稿完成略为仓促，如有不当之处，恳请读者指正！

编　者

2022年8月

目　录

第一章　绪　论

当前世界已全面进入移动互联网时代，人们的行为方式、思维方式都发生了深刻变化。网络无疑是一把双刃剑，广大民众获得互联网技术赋能、赋权的同时，对互联网的认知和把控能力显然还跟不上互联网技术发展和推广的速度。特别是伴随着中国互联网发展而长大的大学生，如果不能正确认识和把握互联网，网络对其的异化作用将会凸显，导致其心理、思想意识、价值判断等受到影响而出现行为失范，甚至对社会也会产生极大的负面影响。正如习近平总书记特别指出的，在新时代，我们必须科学认识网络传播规律，提高用网治网水平，使互联网这个“最大变量”变成事业发展的“最大增量”。

第一节　互联网的源起和发展

一、互联网的发展历程

从 1969 年早期互联网——阿帕网的出现算起，互联网的诞生距今已经有 50 多年了。一部互联网发展史，本质上就是一部创新史，是技术创新、商业创新和制度创新等三个层面相互交织、相互促进的联动过程，最终形成一部网络时代的人类文明进化史。

（一）基础技术阶段（20 世纪 60 年代）

互联网的前生阿帕网其实是美苏冷战争霸的产物。第二次世界之后计算机和通信技术的发展为互联网的诞生奠定了重要的基础。1957 年 10 月，苏联成功发射了第一颗人造卫星，一个月后又成功发射了一颗重达500千克的卫星。这一下把铆足劲研究卫星发射但还未成功的美国震惊了。这不只给美国人带来了巨大的心理压力，更直接威胁到了美国的国家安全。因为当时美国主要的军事预警系统都是中央控制模式。苏联的卫星发射和弹道导弹发射在技术上是相通的，这就意味着，如果美国的中央控制网络系统遭受斩首式攻击，整个命令指挥系统、战略支援体系将瞬间崩溃。为此，1958年2月，美国成立了美国国防部下属的高级计划研究署（ARPA），简称“阿帕”，着手研发新型网络系统，改变美军原来中央控制式的战略指挥系统模式，确保其灵活而有效运转，提高军事指挥体系的抗打击能力。可见，阿帕网一开始就带着去中心化的应用需求。从1958年阿帕机构设立，到1969年阿帕网孕育成功，美国整整花了10年时间。

阿帕网的信息技术处首任处长约瑟夫·利克莱德（R. Licklider）是麻省理工学院（MIT）心理学、人工智能专家和分时系统先驱人物。他在参观了林肯实验室的计算机系统后，敏锐地把研究领域从人际关系调整到了人机关系。1960年他发表了一篇重要文章《人机共生》，大胆预测了未来人脑和电脑之间可以连接起来，计算机的发展方向应该是最大限度对人类行为提供决策支持。1962年8月利克莱德撰写了一系列讨论“银河网络”概念的备忘录，构想了一套由世界各地相互连接的计算机组成的系统。在他的支持下，1965年，MIT林肯实验室的两台计算机使用分组交换技术进行通信。1966年，ARPA的信息技术处处长罗伯特·泰勒（Robert Taylor）完成了阿帕网的立项。1969年10月29日加州大学洛杉矶分校与斯坦福研究所之间成功发出了第一个信号。1969年11月，第三台IMP（互联网消息处理器）抵达阿帕网第三节点——加州大学圣巴巴拉分校；1969年12月，最后一台IMP在犹他大学安装成功。具有4个节点的阿帕网正式启用，人类社会从此跨进了网络时代。

（二）基础协议阶段（20世纪70年代）

计算机与计算机之间联网通信成功，标志着互联网完成了从0到1的进程。但要成为能够汇聚全球力量的网络，显然远远不够，还需在协议上取得重大突破，TCP/IP正是这一时期的关键突破。

1970年12月，史蒂夫·克洛克（S. Crocker）领导的国际网络工作小组完成了最初的网络控制协议（NCP）——阿帕网主机到主机协议。1971–1972年，随着阿帕网站点之间完成NCP的实施，网络用户终于可以开发应用程序了。1973年6月，阿帕网在美国之外接通了第一个节点挪威地震台。9月，伦敦大学学院也连接到阿帕网。同年，

“互联网”这个专有名词诞生了。1973年底，瑟夫和卡恩在他们的论文中对TCP协议（传输控制协议）的设计做了详细的描述，后来发展为今天的TCP/IP协议。TCP/IP意味着TCP和IP在一起协同工作，TCP负责应用软件（如浏览器）和网络软件之间的通信，IP负责计算机之间的通信，这为实现真正的互联网插上了腾飞的翅膀。TCP/IP的诞生奠定了ARPA网项目整体架构和体系的开放思想的基础，超越了一个单纯的科研项目的范畴，而成为一个面向全美甚至欧洲的开放平台，激发了广大研究群体的创造力，开发出电子邮件、文字传输协议（FTP）、BBS等应用，构建了超越传统治理模式的新的网络治理的核心价值观和基本形态，影响至今。

（三）基础应用阶段（20世纪80年代）

20世纪80年代初期，全球网络还没有统一到互联网（Internet），美国、欧洲以及随后的亚洲等各国高校，计算机网络的研究和开放如雨后春笋，无论是协议、规范还是网络，均呈现出百花齐放、百家争鸣的热闹景象。1982年，TCP/IP协议成为刚刚起步的互联网的重要协议，第一次明确了互联网的定义，即将互联网定义为通过TCP/IP协议连接起来的一组网络。1983年1月1日，阿帕网完全转换到TCP/IP。1984年，美国国防部将TCP/IP作为所有计算机网络的标准。在漫长的协议大战中，TCP/IP终因其开放性和简单性脱颖而出，一统天下。全世界开始融合成为一个网络。

1983年，域名系统（DNS）出现，产生了如.edu，.gov，.com，.mil，.org，.net和.int等一系列域名，这比网站使用IP地址（如123.456.789.10）更容易记住，网络空间终于有了人性化的地址名称。1985年，全球电子链接（Whole Earth Electronic Link，WELL）开始提供服务，汇聚了大批网络文化先驱和黑客人物，成为早期网络文化的大本营。1986年10月，《计算机欺诈和滥用法》在美国颁布。1987年，在Usenix基金的支持下建立了UUNET，提供商业的UUCP服务和USENET服务。互联网商业化的萌芽开始出现。同年，在德国和中国间采用CSNET协议建立了E-mail连接，9月20日从中国发出了第一个电子邮件。

20世纪80年代，是网络技术真正大爆炸的年代，各种协议和网络竞相登场，是各种技术和应用集大成的年代。毫无疑问，互联网是全球集体力量和智慧的成果，只有最大限度地开放机制，才能吸引和汇聚源源不断的各方力量。

（四）Web 1.0阶段（20世纪90年代）

互联网真正进入大众视野是从20世纪90年代开始的。1990年，阿帕网完成历史使命，停止使用。第一个商业性质的互联网拨号服务供应商——The World 诞生。1989 年欧洲核研究组织科学家蒂姆·伯纳斯·李（Tim Berners-Lee）成功开发出世界上第一个 Web 服务器和第一个 Web 客户机，命名为万维网（World Wide Web），即公众熟悉的 WWW。1990 年万维网完成超文本标记语言（HTML）的开发，开启了信息时代新纪元。20 世纪 90 年代无疑是互联网发展历史上最激动人心的时代，是互联网从学术网络走向商业网络的蜕变时期。互联网真正走向社会，成为变革时代的创新力量有赖于技术与商业、社会和政治更大范围的联动。尤其在克林顿执政 8 年（1992-2000 年）期间，以互联网引领的“新经济”奇迹为代表，在华盛顿“信息高速公路”政策理念的引导下，华尔街资本市场协同助力，硅谷创业精神和风险投资机制的加速引爆，使得互联网热潮席卷全球。1993 年有 200 多万网民，到了 1999 年底已经超过 2 亿网民，短短 6 年，实现例如百倍级的增长。即便互联网泡沫最终走向破灭，但是互联网热潮再也不会停止。互联网无疑是整个人类 20 世纪 90 年代最重要的“兴奋剂”，也一跃成为变革时代的最大力量。

（五）Web 2.0 阶段（21 世纪 00 年代）

互联网在 21 世纪的第一个 10 年，可谓坎坷非常，多灾多难，先是经历最为惨烈的纳斯达克崩盘，又遭遇了 2008 年的金融危机。但是，这 10 年也因为创新而多姿多彩，先是网民创造力和生产力大爆发的 Web 2.0 浪潮，然后是苹果手机（iPhone）开启的移动互联网浪潮，让网络真正成为全新的社会信息基础设施。全球网民从 2000 年初的不到 3 亿，发展到 2009 年底的 18 亿，全球普及率超过 25%，突破了作为真正大众媒体的临界点。更重要的是，互联网超越了美国中心，真正进入全面开花的全球化阶段。各个国家和地区都有自己独特 . 的发展路径、特色和模式。互联网商业化开始冲击传媒、商务、通信、沟通等社会各个领域。新一代互联网巨头纷纷崛起，为下一个历史阶段最为庞大的超级平台诞生做了充分准备。而各国政府则以网络安全和网络治理为由陆续走到互联网舞台的中央。

（六）移动互联阶段（21 世纪 10 年代）

从 2010 年开始的 10 年是移动互联网的黄金 10 年。智能手机的普及让全球网民从 2010 年的 20 亿增长到 2019 年的 45 亿。2018 年，全球网民普及率突破 50%。2010 年，脸谱网（Facebook）活跃用户达到 4 亿，超过美国人口。因为智能手机的普及，互联网迎来了互联网泡沫之后最好的发展时期。这个 10 年一方面是美国 FAANG 和中国

BAT 等超级平台强力崛起的 10 年；另一方面是以美国政府为首的政府力量开始强力介入互联网领域，引发国际关系和国际秩序极大变化的 10 年，极大地影响了互联网产业的发展格局。技术创新、商业创新和制度创新在这个 10 年里开始进入三种力量相互博弈和相互制衡的新态势。

（七）智能物联阶段（21 世纪 20 年代）

2019 年既是互联网第一个 50 年的结束，又是下一个 50 年的开始。5G 和 AI 联手的智能物联浪潮开启了 21 世纪 20 年代，是最值得遐想的 10 年。这 10 年将既是互联网从未如此深入改变人类社会的 10 年，也是技术创新从来没有如此深入生活的 10 年。2019 年是 5G 商用元年，下一个 10 年将是属于 5G 的时代。各国政府在 6G 方面业已投入重金开发。一切都围绕一个全新的超联结社会展开。面对一个全新的未来，无论是人工智能的伦理规范、个人信息保护的失控和滥用，还是 AI 武器化以及网络恐怖主义等，都在进入一个历史完全无法提供经验和参考的“无人区”。①

二、互联网的本质与特征

互联网是通过各种互联网协议为全世界成千上万的设备建立互联的全球计算机网络系统，是信息交互联通的网络。互联网的核心本质就是信息的电子化。互联网起源于信息，基于计算机网络技术，创造了互联网产业。人类活动本质上有两种流向：一是物质流，二是信息流。在互联网信息时代，承载信息的载体由实物向虚拟转变。在信息生产、匹配、分发的过程中，联网设备成了人类身体功能的延伸，互联网对信息的接收、加工、输出成了人脑功能的延伸。人类活动在互联网的加持下获得超出想象的赋能，人类社会进入高速发展阶段。

互联网具有无中心化的开发性、广泛虚拟的交互性、超时空的高效性、信息容量的爆炸性、应用操作的简易性、万物互联的智能性等鲜明特点。正是这些特点让今天的互联网具备了“天使”和“魔鬼”的双重面孔。因此，人们需要更加冷静地认识和面对互联网的特征，扬长避短，更科学理性地运用互联网为人类造福。

（一）无中心化的开发性

追溯互联网的前身阿帕网的设计，就是为保障美国的信息传输不受苏联的核攻击，故采用了去中心化、开放性的结构。遍布世界各地的计算机只要联通了互联网，每一

---

① 方兴东，钟祥铭，鼓筱军．全球互联网 50 年：发展阶段与演进逻辑 [J]. 新闻记者，2019(7)：4-25.

台计算机都可以成为一个终端，并且可以和网络中任何一个其他终端相互连接，任何一个终端都可以上传信息和接收信息。广泛开放信息传播模式意味着传统的社会主流文化将要面临去中心化、弱化的巨大挑战，而社会亚文化将获得更多的发声机会，特别是一些不良信息也会因此增加大量的传播途径。这就使得我们必须及时转换互联网思维，探索互联网全民共建、全民共享、全民共治的全新治理模式。

（二）广泛虚拟的交互性

信息传播的过程一般由三个部分构成，即信息发布者、信息受众、信息传播渠道。传统的信息传播方式基本都是从信息发布者到信息受众单向传播，信息受众往往只能被动地接收信息。而在互联网环境下，信息受众可以第一时间向信息发布者反馈信息，甚至可以根据自己的要求提出信息需求，形成信息发布者与受众之间的双向交互模式。互联网广泛的互联性能够帮助人们与世界上每一个互联网终端后面的人互动交流，但由于信息发布者与接收者都可以隐匿实际身份，彼此之间通过信息化、数字化虚拟的世界相互联系沟通，在网上相聊甚欢的人也许与自己的认识相去甚远，甚至超出自己的想象。这就是互联网安全问题的症结所在。

（三）超时空的高效性

全球连接的互联网打破了时间和空间的限制，大大提高了信息传播的速度和广度，将世界更进一步地联结为一体，革命性地改变了全世界沟通交流的方式，而由此深刻地改变着全世界人们生活、工作的方式。过去人们通过纸质信件沟通，信件邮寄过程花费大量时间和人力，如今网络电子邮件瞬间送达；过去人们要长途奔赴去观看一场精彩演出，如今通过网络直播或录播，坐在任何一个地方就能尽情欣赏；过去人们需要抽时间去商场购物，如今通过网络随时随地即可购物，物流服务不日便将物品送到人们手中。随着人们信息交流的时空边界被打破，人们无时不网、无事不网、无处不网，生活工作的节奏加快，边界也日益模糊，社会发展效率极大提高，与此同时，人们也往往因为过快的生活、工作节奏而变得焦虑不安，从而产生一系列问题。

（四）信息容量的爆炸性

互联网的出现无疑带来了信息爆炸时代。从量的角度看，网络信息的传播环境不断开放，信息呈海量级增长，网民每天上网如同“冲浪”。据英国学者詹姆斯·马丁统计，人类知识的倍增周期由19世纪的50年，增速到20世纪80年代末每3年翻一番，

而近几年，全世界每天发表的论文达 1.3 万多篇，每年登记的新专利达 70 万项，知识老化的速度不断加快。近 30 年来，人类生产的信息已超过过去 5000 年生产信息的总和。从质的角度看，信息爆炸泥沙俱下，信息发布、传播失去控制，海量信息鱼龙混杂，真正有价值的信息被大量垃圾信息淹没，受众往往面对信息茫然无措，造成了相对的信息匮乏。如何从海量信息中获取有效信息、杜绝有害信息成为国家、社会、组织、个人都必须面对的巨大挑战。

（五）应用操作的简易性

互联网上除了信息爆炸，还有根据人们的需要不断创新涌现的网络应用软件。网络应用软件是一种以网页语言撰写的应用程序，通过浏览器可以直接在各种网络终端平台上运行。应用软件的操作页面简单易懂，往往只需要用户进行简单的点击和信息填写，操作流程会随着用户的点击逐步展开，多数应用操作几乎无须用户具备计算机应用基础。操作的简易性正是网络应用获得快速普及的重要原因之一。苹果应用程序商店（App Store）自 2008 年上线至 2022 年上半年，在中国区现存应用程序（App）数量达到了 1222847 个。网络应用品类百花齐放，应用细分日趋丰富，构成了多元化的网络应用生态，形成了规模巨大的网络应用商店行业，网民运用各种简易便捷的应用软件进一步拓展了互联网应用的广度和深度，网民对互联网的依赖进一步增强。网络应用操作的简易性使得网民的入门门槛极低，甚至几岁的儿童都能无师自通，熟练操作，成为网络原住民，由此造成儿童的过早信息过载，过度陷于网络虚拟世界中而影响正常身心健康发展。

（六）万物互联的智能性

互联网的发展经历了 PC 互联网时代（互联网 1.0）和移动互联时代（互联网 2.0），如今已经开启了智能互联时代（互联网 3.0）。智能互联网是以物联网技术为基础，以平台型智能硬件为载体，按照约定的通信协议和数据交互标准，结合云计算与大数据应用，在智能终端、人、云端服务之间，进行信息采集、处理、分析、应用的智能化网络，具有高速移动、大数据分析和挖掘、智能感应与应用的综合能力。① 智能互联网将开启一个人与物相连、物与物相连的大连接世界，它将进一步大幅提高社会各行各业的服务能力、质量和效率，将会给互联网本身以及传统行业带来深刻变革。未来智能互联网很可能比我们更了解自己，通过不断优化的算法提前预判人们的行为选择，

① 智能互联网时代已悄然来临 [M]. 齐鲁晚报，2016-08-05.(A04).

向人们精准投放相关信息的同时，会加剧人们受“信息茧房”的围困。为此，如何掌控互联网、利用互联网发展自身，创造更美好的生活，而不是被互联网控制，是值得我们每个人都深刻思考的问题。

第二节　互联网对人发展的影响

中国互联网信息中心（CNNIC）发布第49次《中国互联网发展状况统计报告》，报告显示，截至2021年12月，我国网民规模达10.32亿，互联网普及率达73%，网民使用手机上网的比例为99.7%，使用台式电脑、笔记本电脑、电视、平板电脑上网的比例分别为35%，33%，28.1%，27.4%；在网民中，即时通信、网络视频、短视频用户使用率分别为97.5%，94.5%，90.5%，用户规模分别达10.07亿人、9.75亿人、9.34亿人。我国网民的人均每周上网时长为28.5个小时，较2020年12月提升了2.3个小时，互联网深度融入人们的日常生活。[①] 网民规模和互联网普及率如下图所示。

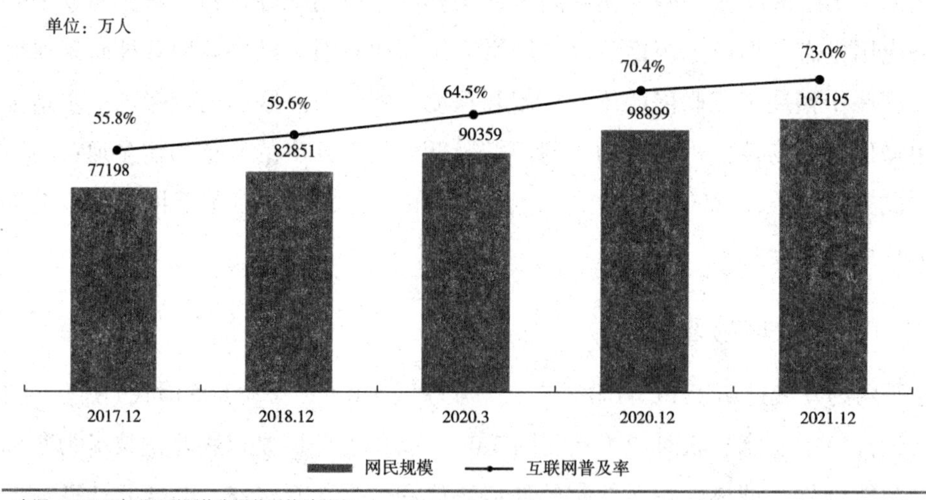

一、网络新媒体时代受众的变化

移动互联网等新技术媒介的出现使自媒体传播获得广泛普及，网络新媒体时代的

① 中国互联网络信息中心．第49次《中国互联网络发展状况统计报告》[EB/OL].（2022-04-07）[2022-07-18].(https：//www.cnnic.cn/hlwfzyj/hlwxzbg/hlwtjbg/202202/P020220407403488048001.pdf)

受众与传统媒体时代的受众表现出明显的不同。网络新媒体传播门槛低、平民化和个性化突出，信息传播速度快、互动性强，受众从单一的信息接收者转变为传受合一者，对信息的发布和传递更加主动和自觉，从而使人们的生活、学习和交往方式发生了极大改变。

（一）主体地位的改变

随着网络技术的日新月异，网络的交互性强化了受众介入、反馈、选择、接近、使用媒介的能力，受众的主体地位提升到了前所未有的高度。通过论坛发帖跟帖、网络投票、新闻评论、发布评论、微博、微信和短视频、视频直播等方式参与信息传播过程，受众不仅拥有了选择权、参与权，还拥有了生产文本的权力。一些网民通过信息发布成了网络舆论领袖、网络红人，在现实世界中引发广泛关注。1964 年哈佛大学心理学家鲍尔提出了“受众本位论”，在网络时代这种以受众为中心的“受众本位论”得到了真正的实现和凸显。所以，互联网不仅是一场科技革命，还是一次大众传播受众的革命。过去传播者一直处于信息传播中心，受众只能在媒体设置好的议程中进行有限选择，被动接收大众传媒传递的信息。而网络新媒体的发展使得受众与媒体自由平等地交流成为可能，受众不仅可以相互共享信息，还可以主动发布信息，集传受角色于一体。①

然而，网络新媒体受众的传受双重身份一方面有利于言论的自由传播和信息的顺畅沟通；另一方面传播主体多元化致使“把关人”缺失，信息传播进入“众神狂欢”的时代，网络世界中信息良莠不齐、鱼龙混杂，虚假新闻、谣言信息、诈骗陷阱大量充斥在网络平台上，给网络传播的规范和管理造成极大困难。

（二）接受方式的改变

网络新媒体技术改变了媒介传递信息和受众接收信息的方式，主要体现在以下三个方面。

1. 从“被动看”到“主动找”

传统大众传播的传播流是单向线性的，是一种简单地以传播者为中心的“Push”型信息传递模式，受众选择余地不大，只能被动接受。而移动互联网的普及，传播流方式发生转变，由传统的以传播者为主导的“push”型向以受众为中心的“pull”型转

① 党静萍，王渭铃，欧宁．大学生媒介素养教程 [M]. 西安：西安交通大学出版社，2017.

变，受众对信息接收从“被动看”转变为“主动找”，成为双向互动“对话式”传播。为此各类搜索引擎大受青睐，发展迅速，成为上网必备应用。[①]

2. 从“精阅读”到“泛阅读”

在移动互联网时代，人们的阅读方式和阅读习惯发生了深刻改变，以碎片化、快餐式、图片化、跳跃性为特征的“泛阅读”正逐渐取代传统的“精阅读”。互联网技术引发了信息爆炸，人类的感官可以依托互联网延伸到世界各个角落，不出门便知天下事成为现实。生活节奏加快、信息海量膨胀，每个人的时间和精力又都是有限的，为了有效把握环境变化的信息，人们对信息的阅读要求更为直观，为此搜索式阅读、标题式阅读、跳跃式阅读逐渐成为人们浏览信息的主要方式，相较于文字阅读，人们更喜欢读图、听音频、看短视频，人类已然进入“读图时代”。

然而，这种快餐式的阅读给人的能力发展带来了负面影响。人们在海量信息中“走马观花”，不关注过程而更关注结果，传统的精深化阅读能力被削弱，人们对问题的专注力和思考分析能力正在逐渐丧失，心态也变得更为功利和浮躁。

3. 从“大众需求”到“分众需求”

互联网技术为网民在舆论场中赋能赋权，让他们的主体参与意识一下子快速发展起来，他们渴望参与，渴望有一定的话语权，为此，网络新媒体时代下受众的参与需求、社交需求、社会化需求、文化娱乐需求和个性化需求更加鲜明突出。大众传播随之不断精细分化，逐渐向分众传播转化，每个受众的爱好和独特品位都能在网络中迅速地找到相关信息，获得最大限度的满足；每个人都可以根据自身需求定制专属个人的媒体，相同爱好者能够打破时空界限快速聚集成群。“网络圈层”现象就是受众社交需求和个性化需求的具体表现，由此网络亚文化获得了发展的土壤，而社会主流文化的传播则面临着“破圈”的挑战。

二、互联网对大学生发展的影响

在网络时代成长起来的当代大学生已成为网络社会的主力军和生力军。大学生文化水平较高，学习能力强，易接受新鲜事物，有着强烈的表达、沟通需求和较高的社会参与意识。网络无疑是大学生学习、生活、沟通的必备工具以及了解社会、掌握信息、表达自我最为便捷而有效的途径，也正因如此，大学生已离不开网络，对网络有着强烈的依赖。调查发现，没有大学生每日上网时间小于 1 小时的，大约 12.7% 的

---

① 同上。

大学生使用网络时间控制在2~3小时，30.16%的大学生使用时间为3~4小时，而有57.14%的大学生每日使用网络的时间超过4小时。由此可见，大学生上网时间普遍较长，他们将网络作为生活的必需品，网络已占据了大学生大部分课余生活时间。而学生上网的时间大部分用于网络娱乐，上网进行网络购物和聊天交友占比分别为84%和76%，利用网络收发邮件和下载软件的占比分别为41%和52%。①

网络无疑是一把双刃剑，一方面，网络为大学生的发展开拓了无限的空间，海量的信息为大学生发展提供了无限资源，信息传输与接收方式的革命性转变激发着大学生思维模式、行为模式的创新发展，对大学生综合素质能力的发展提出了更高要求。另一方面，如果大学生对网络本质认识不清，不能正确把握网络的特点，不能合理统筹协调虚实世界，不能形成有效的自律自卫意识，网络对人的异化作用将会凸显，网络会反过来控制人的行为，大学生会出现沉迷网络的现象，从而对大学生的学习生活造成诸多不良影响。

（一）积极影响

1.网络有利于大学生学习社会化的拓展

网络拥有海量信息，相当于一部百科全书，大学生通过网络既可以了解社会发展形势，随时掌握最新的资讯和社会动态，又能学习自己感兴趣的知识，提高自己的知识水平和思想认识，还可以在网上与有共同兴趣的人进行讨论、交流、建立社群，不断扩大自己的社交圈。近年来，网络课程悄然兴起。网课以一种跨学校、跨地区的教育机制和教学模式，逐渐成为年轻人喜爱的学习方式。内容丰富的网课突破了时空的限制，学习成本低，资源可共享，为大学生提供了更多的个性化学习机会。可以说，网络已经成为大学生获取知识和信息的主要渠道和方式，使大学生的知识面和知识结构获得扩大和丰富，使他们能够更全面地认识社会，使他们的求知欲获得及时而充分的满足。

2.网络有利于大学生学习主体性的提高

传统的大学课堂教学，多以授课教师为主导讲授知识内容，学生往往是被动地接受知识，自主学习的意识和能力没有得到充分培养。当前的教育改革不仅重视教师的主导作用，更重视学生主体地位的提升，注重培养学生自主探究问题、解决问题的意识和能力。网络技术的发展为高校“翻转课堂”提供了条件，师生研讨的问题可以前

---

① 康毓佳．自媒体时代大学生网络素养培育研究[D].沈阳：沈阳工业大学，2020.

置，学生学习的内容不再局限于课本和教师的教案，教师授课的方式更为丰富生动，师生围绕问题在海量信息中研讨梳理中心观点，沉淀核心知识点，在研究性教学和学习环境中学生学习自主性得以强化。另外，进入后疫情时代，网络课程全面走进大众视野，并不断发展壮大。不少大学生在完成学校的学习任务后，主动在网络上学习其他自己感兴趣的课程，增加知识储备，增强技术技能，扩展专业范围，他们一般具有较强的学习动机、较明确的学习目的，拥有主动探索的精神。

3. 网络有利于大学生个性发展和创新力培养

网络处处蕴含着机遇，大学生通过网络，可以找到自己发展的方向，挖掘有利于自己发展的各种资源。浩瀚无边的互动网络为大学生提供了一个大胆发挥想象力的广阔平台，他们自己动手设计网站，将自己平日收集的文章、照片、视频等上传到网上，通过开讨论区、发帖子，使自己的爱好和个性拥有了交流和展示的平台，增强了自信心和主体意识，提升了创新意识和创造力，有利于个性和创新力的形成和发展。近几年，网络为大学生开展自主创业活动提供了广阔空间，国家也积极组织开展“互联网+”大学生创新创业大赛，利用互联网的资源汇聚力助力大学生积极将好的创意和先进成果实现社会价值的转化，引导大学生将自身的发展和社会的发展需求结合起来，强化大学生创新意识和创新能力的培养，促进国家创新型人才培养目标的实现。

（二）消极影响

1. 思想道德和价值观受到冲击

由于网络具有鲜明的开放性和隐蔽性，一些西方国家凭借其先进的网络技术和几乎垄断全球的信息传播体系，将资本主义腐朽的文化价值观，如享乐主义、拜金主义、极端的个人主义和消极颓废的人生哲学等渗入互联网，以此来消减我国青年大学生的社会主义核心价值观。大学生缺乏社会阅历和政治经验，世界观、人生观和价值观尚未成熟，在网络世界里以开放、好奇的心态接收各种各样的信息，思想激进、跳跃，难以对不良信息做出正确判断，网络信息辨别能力较弱，若长期受到网络不良信息的侵蚀，大学生个人思想道德、价值观将存在极度的不稳定性，对我国社会主义核心价值观产生严重冲击，社会不稳定性将会加剧。如今，越来越多的“网络红人”备受关注，他们通过恶搞、低俗、丑化来博取眼球，利用网络进行炒作，以传播负能量、不健康的内容来牟取暴利。在这些“网红”当中，也不乏一些大学生的身影，他们自拍各种恶搞的视频在网络上传播，希望一夜成名。这反映了部分大学生心态浮躁，急功

近利、贪图享受、不思进取的不良思想，有些学生甚至道德沦丧、法律意识淡薄，利用网络违法犯罪，步入歧途。

2. 学习能力发展受阻

当前高校校园文化受到网络“快餐文化”的侵蚀渗透，网络的各种信息越来越倾向于图文声像化，图片视频越来越多，文字描述越来越少，内容价值低，没有精神内涵。大学生也喜欢通过形象的方式来获取信息，阅读的方式由以往的抽象文字阅读转变为如今的直观图像吸收，追求一种“低水平的满足”。“快餐文化”导致大学生对文字阅读越来越没有兴趣，心气越来越浮躁，沉下心来钻研学术著作的学生越来越少。这种“浅阅读”不断强化人的直接感官，会抑制人的理性和逻辑思维发展，导致思维简单化和平面化，对待问题的分析理解能力下滑，学习专注力下降。例如，一些大学生的课程论文、毕业论文都是通过“复制”+“粘贴”的方式完成的，甚至对“粘贴”的内容完全不加理解，导致文不对题，错漏百出。大学生中学习抄袭、学术抄袭现象屡禁不止，已成为高校教育教学重点关注的问题之一。

3. 身心健康受到危害

谣言信息、色情信息、低俗信息、暴力信息、反动信息等不良信息充斥着网络，由于大学生缺乏社会阅历、心理尚未成熟，网络上那些暴力信息、色情信息、反动信息，很容易对大学生的心灵产生消极影响。有些大学生长期沉迷网络，远离现实社会，出现思维迟钝、孤独不安、自我评价降低等症状，身心健康受到严重危害。一些家庭孩子的“网瘾”问题导致家庭亲子关系紧张，家庭和睦遭到破坏，甚至家庭破裂，对个人身心健康和社会稳定都产生了较大的危害。

4. 人际交往缺失

大学生正处于精力旺盛的青春期，内心渴望被他人看见和认可，同时比较敏感，需要外界给予更多的关心和支持。他们渴望被认同，渴望与他人成为朋友，渴望拥有真挚的友谊，有强烈的交往心愿，而网络能够跨越时空，满足他们的社交需求，他们通过网络可以结交许多网友，拓展自己的交际网。由于网络的隐蔽性和虚拟性，网络交往往往只限于网络信息传输，脱离了现实环境和面对面的隐性信息，因此网络人际交往之间的信息互动并不是立体完整的，甚至存在刻意隐藏、编造交往信息的情况。网络人际交往必须建立在现实人际交往的基础上，作为人际交往时空的辅助，而不能脱离现实世界。一味沉浸在网络虚拟世界的人际交往中，最终会导致疏远身边的同学、朋友和亲人，分不清虚拟世界与现实世界，对现实世界的信息反馈迟钝，不适应现实社会的生活与交往，面对面的沟通能力不足，从而产生情感和心理上的孤独、自卑。

第三节　网络素养教育发展概况

一、网络素养

（一）素养的含义

素养早在汉朝时期就有所记载，一指修习涵养，二指平素所供养。中国的《汉书·李寻传》也曾对“素养”有过提及：“马不伏枥，不可以趋道；士不素养，不可以重国。”[①] 外国典籍中也有关于素养含义的准确记录，在英语中为 literacy，其主要由拉丁语“literatus”转变而来，大致的含义主要为有文化的、具备阅读和写作的能力。通过国内外对于素养的相关记载，素养均是指具备读书与写作的能力。但随着时代的进步与社会科技的发展，“素养”一词的含义也不仅仅指读书和写作的能力，而是更多地加入了人对于事物的感受、理解、认识、批判，还有生活中有益处的见地、自我修养和自我锻炼等，涵盖了认知、情感和技能三个层面。[②] 它是一个符合社会人类进步和社会发展的大众要求，包含人们的思想意识、社会实践、身心发展等许多方面。素养不是一成不变的概念，它会随着社会变革、时代发展、科技进步、自我提升而不断拓展。并从个人自身素养逐渐向外延伸，如当今社会的网络素养、科技素养等。[③] 素养并不是人生而存在的特别属性，更多的是由后天培养和习得的。

2014 年《教育部关于全面深化课程改革落实立德树人根本任务的意见》提出，要研制学生发展核心素养体系，明确学生应具备的适应终身发展和社会发展需要的必备品格和关键能力，突出强调个人修养、社会关爱、家国情怀，更加注重自主发展、合作参与、创新实践。[④]2016 年 9 月 13 日上午，中国学生发展核心素养研究成果发布会在北京师范大学举行。中国学生发展核心素养以培养“全面发展的人”为核心，分为

---

① 班固 . 汉书：第 10 册 [M]. 北京：中华书局，1962：3190.

② 康毓佳 . 自媒体时代大学生网络素养培育研究 [D]. 沈阳：沈阳工业大学，2020.

③ 李宝敏 . “互联网 +”时代青少年网络素养发展 [M]. 上海：华东师范大学出版社，2018：11.

④ 教育部关于全面深化课程改革落实立德树人根本任务的意见 .[EB/OL].（2014-04-08）[2022-05-07]. http: //www.moe.gov.cn/srcsite/A26/jcj_kcjcgh/201404/t20140408_167226.html?pphlnglnohdbaiek

文化基础、自主发展、社会参与三个方面，综合表现为人文底蕴、科学精神、学会学习、健康生活、责任担当、实践创新等六大素养，具体细化为国家认同等 18 个基本要点。各素养之间相互联系、互相补充、相互促进，在不同情境中整体发挥作用。为方便实践应用，将六大素养进一步细化为 18 个基本要点，并对其主要表现进行了描述。根据这一总体框架（见下图），可针对学生年龄特点进一步提出各学段学生的具体表现要求。①

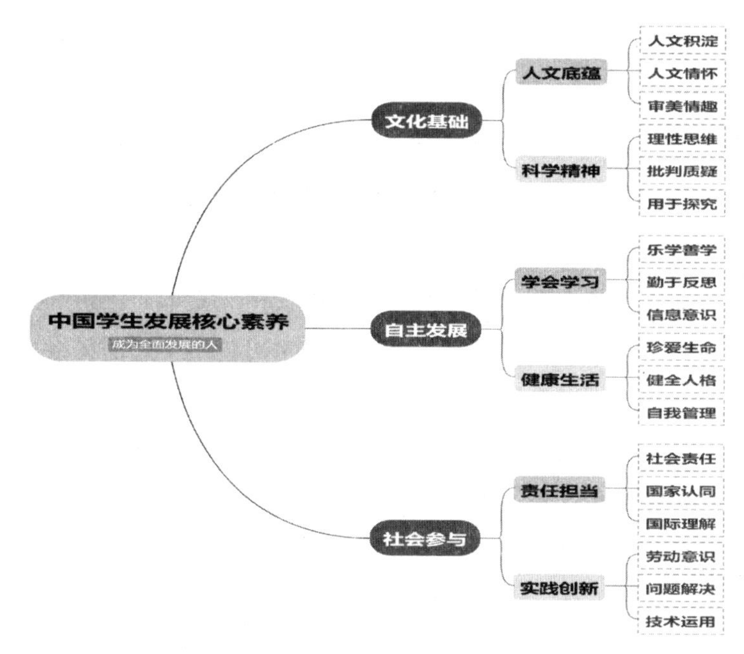

（二）网络素养的含义

网络素养的概念是随着互联网技术的发展和应用普及，世界进入网络信息时代，由“媒介素养”这一概念衍生而来的，也叫作网络媒介素养。“媒介素养”起源于西方的“media literacy”，是基于社会上的信息媒介不断发展，而逐渐衍生出来的一个概念，社会媒介随着科学技术的不断发展而不断变化，媒介素养的内涵也不断丰富。当前互联网已成为社会媒介的核心，渗透到人们生活工作的方方面面，无人不网，无处不网，无时不网，网络素养的内涵也在不断丰富。网络素养（network literacy）的概念最初由美国学者麦克 · 库劳 (McClure)② 提出，包括知识和技能两个方面。他认为网络素养是信息素养（information literacy）的一部分，传统听说读写基本素养（traditional

① 一帆 .《中国学生发展核心素养》总体框架正式发布 .[J]. 上海教育，2016(10)：5.

② 转引自谢金文 . 新闻 · 传媒 · 传媒素养 [M]. 上海：上海社会科学院出版社，2004：13.

literacy）、媒介素养（media literacy）、电脑应用能力素养（computer literacy）及网络资源利用与多媒体资源使用素养共同组成了网络素养。随着网络信息技术的发展和普及，澳大利亚 Mark Pegrum 认为，网络素养应该是强调利用网络保持理智，根据需要获得有用信息的能力。被誉为网络文化最敏感预言家之一的霍华德·莱茵戈德 (Howard Rheingold) 则认为网络素养分为五种素养：专注、参与、协作、对信息的批判性吸收以及联网技巧。

与国外研究相比，国内对网络素养的研究起步比较晚。最早是由学者卜卫发表的《论媒介教育的意义、内容和方法》拉开了我国网络素养的研究序幕。[①]2004 年学者燕荣晖提出："网络素养就是网络时代的媒介素养，包括判断信息的能力与有效地创造和传播信息的能力。"[②]李海峰提出，网络素养就是在网络环境下或者网络行为过程中，网民应具有的素质以及修养。[③]2012 年学者严丽华提出，当今社会科技飞速进步，网络快速发展，网络素养已经不再单指对网络信息的分析、获取、评价和传播，除此之外应该还要包括理解当今的政治、经济、文化与技术对网络信息的传播引发的影响，和网络传播信息的方式对网民及社会所造成的影响。张大方、佘国华在网络素养概念中丰富了"自觉遵守社会道德规范，安全、合理地使用网上资源并积极主动地传播消息"的内容。[④]2014 年学者肖立新等人归纳了大学生网络素养的五个方面，即认知能力、操作能力、信息采集和处理能力、行为管理和约束能力以及安全意识，并指出这五个方面是一个整体，相互依存、缺一不可。[⑤]杨克平、舒先林则认为，网络素养应该强调对网络资源批判性应用的态度和能力。[⑥]叶定剑则丰富了网络道德情操和能够引领共建网络的能力等内容。[⑦]李梦莹认为，大学生网络素养体现为一种综合素养，包括网络基本知识和网络使用的基本技能、网络道德意识、网络法律意识、网络安全意识和健康的网络心理等多个方面。[⑧]

综上所述，随着网络技术的发展和普及，人们对网络素养含义的理解也逐渐深化，由侧重于网络技术的运用能力和网络活动的参与能力向侧重于网络道德及利用网络发

① 卜卫．论媒介教育的意义、内容和方法 [J]. 现代传播：北京广播学院学报，1997 (1)： 29-33.
② 燕荣晖．大学生网络素养教育 [J]. 江汉大学学报（社会科学版），2004，21(1)：83-85.
③ 李海峰．网络传播中网络素养培育的文化思辨 [J]. 新闻界，2007(4)：54-55.
④ 张大方，佘国华．大学生网络素养教育理论综述 [J]. 文化学刊，2012(5)：80-84.
⑤ 肖立新，陈新亮，张晓星．大学生网络素养现状及其培育途径 [J]. 教育与职业，2014(3)：177-179.
⑥ 杨克平，舒先林．提升大学生网络素养的途径探究 [J]. 思想政治教育研究，2014，30(6)：117-120.
⑦ 叶定剑．当代大学生网络素养核心构成及教育路径探究 .[J]. 思想教育研究，2017(1)：97-100.
⑧ 李梦莹．大学生网络素养及其提升路径研究 [J]. 江苏高教，2019(12)134-137.

展人的综合素质方向拓展。大学生的网络素养应从三个层面来着重培养，即对互联网的认知与选择、使用与批判、创新与创造，帮助大学生正确认识互联网的本质和特性，培养其检索、辨析、应用网络信息的能力，规范其网络行为，使其树立正确的网络道德观念，拓展多元化的互联网思维，有效运用网络信息资源和技术平台为其发展和社会发展创造机会和价值。

二、大学生网络素养缺失的表现

当前我国处于互联网高速发展时期，随着互联网技术应用的不断普及深入，诸多负面问题也越发凸显，尤其是对青少年健康成长的影响特别突出，主要集中在心理、思想意识、价值判断等方面受到影响而导致行为失范。周朝霞等人提出，大学生如果没有经过系统的网络素养教育，会产生四个问题：上网的盲目、注意力不稳，网络心理障碍，网络伦理道德失范，网络成瘾。[①]陈思玉提出，网络自媒体的出现，信息良莠不齐、真假难辨，影响大学生形成正确的价值观念。[②]占成提到，大学生网络素养不高表现为：网络道德和法律意识薄弱，容易受负面消息影响；行为随意，依赖性增强；盲目从众。[③]显然，网络素养水平直接涉及青少年的身心健康、思想道德、价值观形成等成长关键问题，加强针对性教育应该引起学界、教育界，甚至社会各界更加高度的重视。

（一）简单点击：网络操作能力参差不齐

大学生需掌握一定的网络操作能力，掌握基本的电脑知识和互联网知识，需要熟练使用各种系统，掌握网络设置和应用方式，使用常用软件解决工作问题，认识电脑中基本硬件的性能，处理一般的电脑故障，以及对网络信息进行检索和处理，才能顺利进行网络实践。当前，我国大学生的网络操作技能参差不齐，掌握的网络知识大多停留在基础的电脑操作上，网页设计、程序开发等较深层次的网络知识并没有在大学生中得到普及。

关于大学生对各类软件使用能力的调查结果显示：85%的大学生能够熟练运用Office办公类软件，但仍存在近15%的大学生连最基本的Office办公类软件都无法熟

① 周朝霞，张国良，仇棣．大学生网络传播行为嬗变的实证研究[J]．复旦学报（社会科学版），2006(4)：134-140.

② 陈思玉．微博对高校思想政治教育的影响研究[J]．思想理论教育导刊，2013(11)：103-105.

③ 占成．“自媒体”时代高校大学生网络素养培育对策探索[J]．产业与科技论坛，2017，16(22)：129-131.

练操作和使用的情况，且专科大学生的熟练程度稍低于本科生、硕士研究生以及博士研究生；68%的大学生能够熟练运用影音播放、网络游戏等娱乐类软件；32%的大学生能够熟练运用Photoshop、Core LDRAW等图片设计处理类软件，且体育艺术类、理工农科类大学生的熟练程度高于人文社科管理类大学生；仅仅8%的被调大学生能够熟练运用Frontpage、Dreamweaver等网页制作类软件。[①]大学生的软件操作能力总体上能够满足其基本的网络生存需要，但还需要进一步加以提升以适应未来丰富多样的网络发展。

关于大学生信息查询和检索能力的调查结果显示：59%的大学生"基本了解"互联网的信息查询和检索方法，仅有13%的大学生达到了"非常了解"的程度，还有25.%的人"有一点了解"，甚至有近2%的大学生表示他们对其"完全不了解"。[②]可见，大学生的信息查询和检索能力总体一般，还需要进一步加强培训学习，提高大学生信息查询与检索能力。

只有掌握专业的网络知识，正确应用网络技术，自觉提高网络认知水平，理解网络的基本内涵、网络的特殊属性、网络的工作原理以及网络存在的缺陷和不足，才能正确辨别网络信息的真伪，令网络信息服务于工作生活。丰富的网络知识储备能够有效帮助大学生提高综合素质，适应信息化社会的发展。

（二）盲目盲从：网络信息舆论识别不清

网络拥有海量信息，但这里也不乏大量不良信息，大学生面对大量形形色色的信息，难辨真伪。大学生需具备对网络信息处理的能力：不仅需要学会快速收集各种网络信息，还要做到正确解读网络信息，并清晰分辨网络信息的正误优劣。

如今，网络搜索已成为大学生获取新信息的主要方式。网络中的信息数量大、内容多，人们能够在短时间内利用网络搜索平台检索到所需要的信息资源。当代大学生已基本具备网络信息检索能力，能够快捷、正确、全面地获取所需知识，信息获取时间不断缩短，信息利用效率日渐提高。但与此同时，网络中的信息良莠不齐，容易使大学生受到不良信息的负面影响。

大学生的网络信息认知情况并不理想。据统计，近70%的大学生能够较为理性地看待网络信息的真假，他们认为网络上的信息总体上是"真假参半"，不能全部相信，认为网络信息还是健康的多一些，有害的少一些，对网络的发展前景表现出较为乐观、

---

① 谢孝红．当代大学生网络素养教育研究[D]．成都：四川师范大学，2017．

② 谢孝红．当代大学生网络素养教育研究[D]．成都：四川师范大学，2017．

包容的态度；近20%的大学生认为网络信息“绝大部分是假的”，对网络持消极抵触的态度，觉得网络的信息看看就好，不能信以为真；近5%的大学生相信网络信息“完全真实”，将微博大V（微博意见领袖）、抖音、网络红人等发布的信息奉为真理；还有6%的大学生对收到的网络信息并不会细思、深究，而是选择跟随大流去处理信息，出现“人云亦云”的现象，不能辨别网络信息的真实性，见到网上有人这样认为或身边的人都这样认为，他也信以为真，从众心理较重。①

当代大学生喜欢将身边的所见所闻和自己感兴趣的内容及时通过微博或微信发布或转发信息，部分大学生已经成了“微博控”“朋友圈控”，将微博、微信作为自己获取信息、发布信息的重要渠道。大学生既是信息的接收者也是信息的传播者，若有谣言在大学生中产生，他们不仅会成为谣言的受害者，也很有可能成为谣言的传播者，给校园的稳定甚至是社会的稳定造成不利影响。面对泥沙俱下、良莠不齐的网络信息世界，大学生必须增强自身的信息甄别意识，有效过滤信息垃圾，提高对信息的认知辨别能力，使自身能够更理性、更谨慎地认识、转发和利用网络信息。

（三）随性随意：网络道德与法律意识淡薄

大学生的网络道德意识有待提高。网络的普及在给人们带来便捷的同时，也出现了许多不文明、不道德的现象：如虚假信息的传播、盗用他人网络账号、网络暴力侮辱谩骂语言等。据调查，在面对网络道德问题时，66%的大学生选择坚决抵制网络不文明行为，14%的大学生则对网络不文明现象并不反对，20%的大学生对该种现象并不关心。②大部分大学生对网络不文明现象较为排斥，表明大学生已经初步具备了网络道德意识。但在某些实际的网络行为中却不能严格要求自己，不能做一个讲道德和守法纪的网民，自律意识不强。例如，部分大学生崇拜黑客，有超过七成的大学生在写论文时抄袭网络资料，超过一半的大学生不拒绝浏览网络黄色信息，对网络道德存在知行分离的现象。因为网络世界是虚拟的，具有隐匿性，网民在网上的行为与其所承担的责任，并不像现实生活一样处处有人监督，而是彼此分离的，这就为大学生网络行为的道德失范提供了可能。大学生的网络道德失范行为会影响其在现实活中的行为，严重时会使其走上违法犯罪的道路。

大学生的网络信息安全防范意识较为薄弱。随着社会的发展，大学生使用互联网的频率非常普遍，然而，便捷的网络信息也存在许多陷阱和安全漏洞。近八成的大学

---

① 谢孝红．当代大学生网络素养教育研究[D].成都：四川师范大学，2017.

② 杨靖．大学生网络素养现状及其培育研究[D].武汉：湖北工业大学，2016.

生不注意定期更换密码，其中遇到问题更换密码的大学生占65%，从不更换密码的大学生占17%；76%的大学生多账户使用同一密码；44%的大学生使用生日、电话号码或姓名全拼设置密码；11%的大学生使用连续数字或字母的简单密码，还有6%的学生用诸如888888等重复数字或字母的密码。[①]不法分子利用大学生的心理诱骗学生，盗取信息，给大学生的人身、财产、信息安全造成了极大威胁。作为新时代的大学生要擦亮眼睛，既要学会使用网络信息，也要提高网络信息安全意识，避免网络信息丢失带来的不良影响。

大学生的网络法律意识有待加强。《中华人民共和国网络安全法》由全国人民代表大会常务委员会于2016年11月7日发布，自2017年6月1日起施行，这是我国第一部全面规范网络空间安全管理方面问题的基础性法律，是我国网络空间法治建设的重要里程碑，是依法治网、化解网络风险的法律重器，是让互联网在法制轨道上健康运行的重要保障。但当前，大学生的网络法律意识不容乐观。据调查，只有12.4%的大学生对国家关于网络的法律法规表示“非常了解”，46.4%的大学生表示“一般了解”，15.8%的大学生表示“不太了解”，25.4%的大学生表示“完全不了解”。[②]

（四）依赖成瘾：网络自主自控能力不足

网络环境下大学生的自我管理，是大学生为了实现高等教育培养目标和满足社会发展对个人能力素质的要求，在网络环境下，开展的自我计划、自我认识、自我组织和自我监督的一系列自我学习、自我教育、自我发展的活动。现阶段，我国大学生在价值观、生活态度方面呈现出许多新特点。随着网络技术的快速发展和我国对外开放的不断加快，国外思想观念进入我国高校，当代大学生思想、意识受到极大冲击，行为以自我为中心，这对当下大学生的自我管理能力提出了新的挑战。

当前，大学生的网络自我管理能力比较薄弱。大部分学生没有明确的学习目标，制定网络学习目标的意识和能力较弱。仅有近三成的学生能够抵御住网络上的各种诱惑，克制自己不查阅与学习内容无关的资料。自我管控力薄弱易使大学生受到不良诱惑，陷入网络游戏和网络娱乐的汪洋大海，最终导致大学生沉迷网络，学习效果不佳。我国传统教育模式培养出来的学生有时缺乏学习自主性与独立性，缺乏自我管理学习的能力，而自我管理能力恰恰是适应网络发展大环境所必须具备的能力。因此我们应注重培养学生在网络环境下的自我管理能力。

---

① 杨靖．大学生网络素养现状及其培育研究[D].武汉：湖北工业大学，2016.

② 杨靖．大学生网络素养现状及其培育研究[D].武汉：湖北工业大学，2016.

加强大学生网络行为的自我管理，提升其自律精神，在推进大学生网络素养教育的过程中尤为重要。只有将法律、道德规范、思想观念等内化为大学生自身的自我约束意识，才能有效外化规范他们的网络行为方式，使其养成良好的网络行为习惯。打造风清气正的网络环境，净化网络生态，为大学生网络素养的提升提供了良好的外在环境条件，而充分发挥大学生主观能动性，做好大学生自我教育、自我管理、自我发展的内部文章，才能使大学生自觉遵守法律法规和道德规范，自觉接受和内化社会主义核心价值观教育，养成良好的上网习惯，为自己树立起坚固的"网络防火墙"。大学生只有做好了网络行为自我管理，面对多彩的网络世界，才能够合理分配、平衡时间，不至于沉迷于网络的花花世界无法自拔；面对复杂的网络舆情，也才能够坚定自我、独立判断，客观准确地表达见解，不至于盲目跟风、人云亦云；面对芜杂的网络信息，才能够做到客观辩证、理性甄别，不至于跌入别有用心的人设置的价值陷阱。

三、网络素养教育的发展

网络素养的概念是由媒介素养的概念逐渐延伸而来的，为此网络素养教育也要从媒介素养教育发展中探寻来路。媒介素养教育最早起源于英国，1933 年英国学者李维斯（Leavis）和桑普森（Thompsen）首次提出了媒介素养教育，提倡以媒介素养教育抵制媒介不良影响的趋势。随着媒介的多元化、生活化，人们逐渐认识到媒介影响对政治、经济等方面的重要性。许多国家逐渐将媒介素养教育演变成一门独立的课程，为人们在信息社会生存与发展指引方向。如今互联网技术在全世界普及应用，互联网成了世界信息传输的第一媒体，在人们生活、工作、学习中已不可或缺，深刻影响着人们的生活方式、思维方式、行为方式。时代发展推动着社会广泛而深入地开展青少年学生网络素养教育。

（一）国外网络素养教育发展

英国作为媒介素养教育的起源地，其媒介素养教育开展历史悠久，理论贡献突出，为世界各国深入开展网络素养教育提供了许多借鉴。1933 年，英国学者李维斯与其学生桑普森首次就学校引入媒介素养教育的问题做了系统的阐述并提出了一套完整的建议。他们提出，教育界应以系统化的课程或训练，培养青少年的媒介批判意识，使其能够辨别和降低大众传媒的不良影响。这种教育强化学生具备甄别和批判意识的媒介素养教育方式被称为"免疫法"。到了 20 世纪 50 年代末至 20 世纪 60 年代初，英国文化界开始重新审视大众文化，开始承认大众文化中也有正面积极的信息，在媒介教育中不再只是要求学生具有抗拒媒介的能力，而是具有辨别媒介的能力。1989 年，英国教育与技能部宣布正式将媒介素养教育纳入国家教学系统，媒介素养正式成为英国中小学教育的一门课程，英国成为世界上第一个把媒介素养教育纳入学校课程体系的国家，自此英国青少年媒介素养教育迎来了一个崭新的时代。近年来，一种超越早期保护主义的媒介素养教育理念已经在英国脱颖而出。英国的媒介素养教育不再被仅仅视为一种甄辨方式或洞察隐蔽的意识形态的方法，而是与学生一起理解媒介内容，帮助他们发展一种客观地认识媒介、建设性地使用媒介的能力。[①]

美国的媒介素养教育起步并不算早，始于 20 世纪 60 年代。美国媒介素养教育运动源于电视普及所造成的普遍性忧虑。从开始到 20 世纪 90 年代中期，美国媒介素养教育涌现出多种模式，其中包括与英国相似的保护主义模式、重视媒介制作的技术教育模式、借助宗教而实现的社区模式、以大学课程为主的学校参与模式。进入 21 世纪以后，两个全国性的媒介素养教育组织先后建立，即 2001 年成立的美国媒介素养联盟以及 2002 年成立的媒介教育行动联盟，随后还成立了媒介素养中心和媒介素养教育协会，在目标、主体、组织和实施方式上实现了高度多元化，高校也将媒介素养教育课程设置及相关讲座相结合，教育渠道丰富，教育活力获得释放，但公司利益与教育机构的结合使得教育初衷发生变形，导致存在许多矛盾仍需解决。

澳大利亚的媒介素养教育始于 20 世纪 70 年代，澳大利亚被认为是当代西方重视媒介素养教育的国家之一。在澳大利亚，几乎所有州都将媒介素养教育单独或放在英语课中作为必修内容。学者如格雷莫・特纳和约翰・哈特利提出将媒介素养融入不同层次、不同门类的学科教育，培养国民对媒介信息的思辨能力。西奥学者罗宾・奎恩和巴里・麦克马洪等翻译和编写了大量有关媒介素养教育方面的理论书籍和教材，构建出相对完整的教育理论框架。澳大利亚还是世界上少数在大学设立媒介素养教育研究学科的国家之一。

加拿大是第一个通过立法使媒介素养教育成为高校必修课的国家，规范课程时间和课程内容。20 世纪 70 年代，加拿大的大众传媒业蓬勃发展，但传媒的社会影响力、色情暴力、政治操纵等问题也都显现了出来。这使得一些学校认识到媒介作为“无形课堂”的广泛影响力和教化作用。因此，以指导学生正确理解媒介信息的媒介素养教育被提出。但是直到 20 世纪八九十年代以后，加拿大的媒介素养教育才开始稳定而迅速地发展。由安大略省传播媒介素养协会与当地教育部教师联盟合作编著的《传播媒

① 党静萍，王渭铃，欧宁．大学生媒介素养教程 [M]. 西安：西安交通大学出版社，2016.

介教育方法指南》(*Media Literacy Resource Guide*)被视为加拿大乃至全球传播媒介素养教育史上里程碑式的出版物，其中归纳的八大核心理念受到了世界的普遍推崇。还有加拿大国家相关协会主办的各种传播媒介素养教育峰会具有极高的权威性。

日本是亚洲媒介素养教育产生较早的国家。1986 年教育改革第二次报告首次指出培养学生信息的利用能力和信息素养的必要性。20 世纪 90 年代初日本引入了媒介素养理论，媒介素养教育侧重于培养公民的信息传播能力。目前，针对媒介消极影响的突出的问题，日本开始重视学生媒介批判能力的培养。

新加坡当前针对互联网的普及而带来的问题，形成了政府监管与社会公益组织支持结合的网络素养教育模式，重点引导学生树立良好的网络自律意识。①

（二）国内网络素养教育发展

中国互联网发展虽然起步比国际互联网晚，但是进入 21 世纪以来，我国积极参与世界的第五次科技革命，大力推进互联网信息技术的发展和普及，在我国人口规模的加持效应下，中国互联网应用得以快速普及化、多元化，越来越深刻地改变着人们的学习、工作以及生活方式，影响着整个中国乃至世界。互联网应用在快速普及推动社会发展的同时，也带来了众多负面影响，网民在还没有充分认识把握互联网本质和特点的情况下就进入了全民“网络冲浪”的狂欢。因此，我国的网络素养教育远落后于互联网技术发展和应用推广的速度，在网络素养教育中呈现出三个亟待解决的主要矛盾，即“高接触”与“低素养”、开放的网络环境与传统的教育方法、技术层面的丰富与精神领域的空虚。②

我国网络素养教育研究最早始于学者卜卫的研究，她在 1997 年发表的《论媒介教育的意义、内容和方法》中对“媒介教育”的概念在西方国家的发展过程进行了梳理。③ 自此关于网络素养的研究在我国拉开了序幕，学者分别从不同的角度对网络素养进行了深入的研究。其中对“网络素养”这一基本概念已经有了较为细致全面的解读，关于网络素养培育的内涵、意义等研究成果也较为丰富。在教育实践探索方面，2013 年学者林洪鑫认为，应该通过讲座培训、课堂教育、辅导员引导、学生干部和学生党员带头示范作用等，多方共同努力提高大学生自身网络行为的自律能力和意志力、网

---

① 党静萍，王渭铃，欧宁．大学生媒介素养教程 [M]. 西安：西安交通大学出版社，2016.

② 季静．大学生网络媒介素养教育目标探寻 [J]. 江苏高教，2018(7)：91-93.

③ 卜卫．论媒介教育的意义、内容和方法 [J]. 现代传播：北京广播学院学报 ，1997 (1)： 29-33.

络信息批判能力。[①]2014 年林程提出，应从六个方面入手来提高大学生网络素养；第一，应通过营造积极主动、健康向上的网络文化氛围；第二，应建立并完善网络监督管理体系；第三，加强大学生网络素养家庭教育；第四，构建网络素养培育课程体系，第五，构建健康的校园网络文化氛围；第六，培养高素质的网络素养教师队伍。[②]2016 年学者朱彬娴认为，应该在社会、家庭和学校社区，建立一个三维的媒介素养教育网络。[③]

我国进入中国特色社会主义新时代后，关于如何建设系统的、科学的网络素养培育体系和工作机制，如何探索网络素养教育有效实践路径与方法等问题成了学界和教育界亟待研究解决的工作重点之一。不少学者提出大学生网络素养教育与思想政治教育相结合的思路。2013 年学者曹荣瑞认为，思想政治教育理论课应该是大学生网络素养教育的主渠道，在大学生思想政治教育理论课中已经开始了关于网络素养的教育，如《思想道德修养与法律基础》中“网络生活中的道德”即为网络素养的内容。[④]张晓艳主张高校从理论与实践角度同时开展培育，从开设课程、强化技能方面开展网络道德法规教育，从营造网络文化环境着手。[⑤]2018 年，季静认为，大学生的网络媒介素养教育应当关注大学生精神层面的成长以及完美人格的养成，以“求真、寻美、择善”作为终极目标。[⑥]2020 年，倪洪江认为，在“课程思政”的大背景下，网络素养教育要向课堂体系化构建方向探索，要深入课堂主渠道，通过探索如何整合业务能力好、政治素质高、责任心强的师资队伍，实现复合课程、复合教学的有效集成；课程既要解决学生的学习问题，又要帮助学生应对网络社会中的各种困惑，实现网络思政工作潜移默化、循序渐进的教育功能；通过逐步占领思想教育制高点，让网络素养教育工作更加内化于心，外化于行，让高校“立德树人”的根本任务稳步得到落实。[⑦]

随着我国信息技术的飞速发展，互联网应用已经成为我们生活中不可缺少的一项重要内容，因此网络素养教育越来越引起人们的重视。2021 年 6 月 1 日起，新修订的

① 林洪鑫．提升大学生网络素养问题初探 [J]. 白城师范学院学报，2013(4)：109-112.

② 林程．大学生网络媒介素养现状及其教育途径 [J]. 湖北第二师范学院学报，2014，31(9)：105-107.

③ 朱彬娴．新媒体时代大学生媒介素养的培塑策略 [J]. 中国广播电视学刊，2016(10)：74-76，109.

④ 曹荣瑞．大学生网络素养培育研究 [M]. 上海：上海交通大学出版社，2013.

⑤ 张晓艳．网络时代大学生网络媒介素养实证研究 [J]. 未来与发展，2014(3)：46-50.

⑥ 季静．大学生网络媒介素养教育目标探寻 [J]. 江苏高教，2018(7)：91-93.

⑦ 倪洪江．高校网络素养教育课程体系化构建探索 [J]. 杭州电子科技大学学报（社会科学版），2020(3)：42-45.

《中华人民共和国未成年人保护法》正式实施。该法新增“网络保护”专章，首次明确规定“国家、社会、学校和家庭应当加强未成年人网络素养宣传教育，培养和提高未成年人的网络素养，增强未成年人科学、文明、安全、合理使用网络的意识和能力”①。人民网等主流媒体还发表了题为“网络素养是堂‘必修课’”的专题报道，对这一新修订的法案内容进行了解读，呼吁全社会都要关注重视网络素养教育，积极构建未成年人网络素养教育的生态系统，完善网络素养教育体系，广泛动员社会力量参与，形成政府、高校、行业组织、企业等共同关注和推动网络素养教育工作的新局面。②

四、推进网络素养教育的意义

习近平总书记指出：“互联网是一个社会信息大平台，亿万网民在上面获得信息、交流信息，这会对他们的求知途径、思维方式、价值观念产生重要影响，特别是会对他们对国家、对社会、对工作、对人生的看法产生重要影响。”可见互联网的发展和其对社会和人的影响都是不可阻挡的，只有顺势而为，教育引导人们科学认识互联网，合理应用互联网，消除或减少互联网的消极影响，才能更好地使人们适应互联网时代的变革，才能更好地驾驭互联网，推动社会和人的发展。正如美国作家、学者霍华德·莱茵戈德（Howard Rheingold）在他的著作《网络素养：数字公民、集体智慧和联网的力量》中阐述网络素养教育意义时指出：“当有足够多的人学会并且能够熟练地使用这些技术，成为真正的数字公民后，健康的新经济、政治、社会以及文化将会由此出现。而假如这样的素养不能够在我们的社会中得到传播，那么我们将会自我淹没在虚假信息、广告、垃圾信息、噪声和瞎扯当中。”③

（一）网络素养教育是时代进步之需

纵观世界文明史，人类先后经历了农业革命、工业革命、信息革命。每一次产业技术革命都给人类生产生活产生了巨大而深刻的影响。现在，以互联网为代表的信息技术日新月异，引领了社会生产新变革，创造了人类生活新空间，拓展了国家治理新领域，极大地提高了人类认识世界、改造世界的能力。互联网让世界变成了地球村。

① 中华人民共和国未成年人保护法（2021 年 6 月 21 日起施行）[EB/OL].（2022-06-13）[2022-07-09]. https://www.gzhezhang.gov.cn/xzjd/spx/gzdt_5773201/202206/t20220613_74834322.html.

② 人民网 . 网络素养是堂“必修课”.[EB/OL].（2021-06-10）[2022-07-01].https://baijiahao.baidu.com/s?id=1702130567470443854&wfr =spider&for=pc.

③ Howard Rheingold. 网络素养：数字公民、集体智慧和联网的力量 [M]. 张子陵，老卡，译 . 北京：电子工业出版社，2013.

世界因互联网而更多彩，生活因互联网而更丰富。当今世界，互联网、云计算、大数据等现代信息技术深刻改变着人类的思维、生产、生活、学习方式，深刻展示了世界发展的前景，但也成为人类适应数字时代的巨变而共同面临的重大课题。因此，网络素养教育是现代人适应数字时代，并驾驭和持续推进数字时代向前发展的基础课、必修课。正如习近平总书记指出的："当今世界，谁掌握了互联网，谁就把握住了时代主动权；谁轻视互联网，谁就会被时代所抛弃。"[①]

（二）网络素养教育是国家发展之需

互联网快速发展的影响范围之广、程度之深是其他科技成果所难以比拟的。互联网发展给生产力和生产关系带来的变革是前所未有的，给世界政治经济格局带来的深刻调整是前所未有的，给国家主权和国家安全带来的冲击是前所未有的，对不同文化和价值观念交流、交融、交锋产生的影响也是前所未有的。世界主要国家都把互联网作为经济发展、技术创新的重点，把互联网作为谋求竞争新优势的战略方向。2014 年习近平总书记就明确提出"努力把我国建设成为网络强国"的目标，特别强调"网络安全和信息化是事关国家安全和国家发展、事关广大人民群众工作生活的重大战略问题"。[②]"十三五"期间，我国大力实施了网络强国战略、国家大数据战略、"互联网 +"行动计划，发展积极向上的网络文化，拓展网络经济空间，促进互联网和经济社会融合发展，培育发展新增长点、形成新动能，推动中国数字经济发展进入快车道。

在互联网赋能经济快速发展的同时，我们应看到互联网时代下，信息无处不在、无所不及、无人不用，舆论生态、媒体格局、传播方式也发生了深刻变化。网络和信息安全直接牵涉国家安全和社会稳定，网络舆论战场直接关系我国意识形态安全和政权安全。习近平总书记多次指出，过不了互联网这一关，就过不了长期执政这一关。我们要认清形势和任务，认识网络安全工作的极端重要性和紧迫性，处理好安全和发展的关系，以安全保发展、以发展促安全。网络安全为人民，网络安全靠人民，维护网络安全是全社会共同的责任，需要政府、企业、社会组织、广大网民共同参与，共筑网络安全防线。因此，通过教育树立公民正确的网络安全观，深入开展网络安全知识技能宣传普及，提高广大人民群众网络安全意识和防护技能，是国家网络安全工作的重要内容。

---

① 中共中央党史和文献研究院．习近平关于网络强国论述摘编[M].北京： 中央文献出版社，2021.

② 同上。

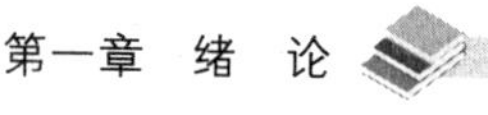

（三）网络素养教育是个人成长之需

不断发展变革的互联网信息技术给人们的生活带了极大便利，同时引发了不少问题，如网络依赖、网络暴力等。互联网诞生的初衷是服务社会，推动人类社会进步，人们使用互联网也是为了不断提升和改善自己的生活，但是如果反被互联网控制，影响生活，这就与互联网产生的动因不相符了。换句话说，任何一个社会人在互联网技术普及的现代信息时代，必然能通过网络媒介与社会进行有效沟通和互动，才能有效维持自身的生存和发展。因此，人们急需具备网络素养，这样才能独立自主地面对各种网络媒介和媒介所传播的信息，做出正确的判断，进而充分利用信息资源完善自我，参与社会发展。提高网络素养最重要的就是帮助人们增强对信息获取、选择、批判、传播、创造等能力。这就像帮助人们找到一个筛子，能够主动选择过滤信息，不再是盲目、被动地接收信息，而是积极地、有目的地获取与解读信息，懂得利用网络媒介提供的信息为自身的生活发展服务，这是我们所追求的目标。

综上所述，随着当今网络信息技术飞速发展，特别在我国正处于中国特色社会主义新时代发展的关键时期，国家发展迎来了全面数字化、信息化、智能化的新一轮技术革命浪潮，产生了很多新机遇、新挑战、新要求，网络素养必然成为时代新人重要的素质能力要求。因此，针对未来国家发展的中坚力量——大学生，开展系统全面的网络素养教育是时代进步之需、国家发展之需、个人成长之需。

案例：你是“低头族”吗？①

【案例描述】

随着社会的进步，高科技辐射到社会的各个领域，信息时代、网络时代在给社会提供极大便利的同时，加快了社会的快节奏、高频率，但我们不得不注意到，伴随着网络的普及、手机的大众化，其负面影响也越来越明显，这种负面影响的突出表现就是造就了一支发展迅猛的不可遏止的“低头族”大军。它的出现引起了社会的广泛关注。

低头族（英文名 phubbing，单词由澳大利亚麦肯和麦考瑞（Macquarie）大辞典联手精心杜撰而来，形容那些只顾低头看手机而冷落面前的亲友的人），是指如今在地铁、公交车上那些个个都做“低头看屏幕”状，有的看手机，有的掏出平板电脑或笔记本电脑上网、玩游戏、看视频，每个人都想通过盯住屏幕的方式，把零碎的时间填

① 首都文明网，http：//zt.bjwmb.gov.cn/dtz/。

满的上班族。他们低着头是一种共同的特征，他们的视线和智能手机相互交感，直至难分难解。

为什么有越来越多的人会忽略真实世界的存在，转而沉迷于小小屏幕中的虚拟世界？应该说，低头族的形成是科技发展与人性需求共同作用的产物。

从2007年起，全球正式进入移动互联网的3G时代，移动网络速率和质量的大幅度提升促进了3G手机终端的迅猛发展。于是，智能手机引领了一场通信革命，与此同时，新型社交媒体与移动终端紧密结合，人与人沟通交流的渠道在时间和空间上都被急剧缩短缩小。

在快节奏的生活中，人们的时间被工作、应酬、聚会所占据，剩下的只有零散的时间。而移动终端上碎片化的信息刚好满足了人们的这一需求。其社交功能满足了人们随时随地与他人沟通交流的愿望，也为人们自我展示提供了最佳的平台。

从社会发展的角度来看，移动终端的普及是科技引领社会进步的一大体现。然而，充分享受人类科技进步的成果也意味着要承担副作用的代价，那就是过度依赖和沉溺其中。“低头族”也由此产生。

做“低头族”有哪些危害？

首先是安全隐患问题凸显。湖北17岁的女生商某外出与同伴聚餐，边走路边玩手机，要过一座桥时，一脚踏空，掉入没有护栏保护的深坑，经抢救无效死亡。没有护栏当然是主要原因之一，但这也提醒大家，走路千万别玩手机。还有一名年轻的父亲，带着三岁的女儿坐公交车，只顾自己玩手机，结果下车还在玩手机，过了好儿站才想起女儿…… 这些“低头族”总会时不时对着手机沉浸在自己的世界里，全然忽视了这样会给自己和他人带来安全隐患。 有调查表明，司机边开车边发短信时，发生车祸的概率是正常驾驶时的23倍，而打电话是2.8倍。

其次是健康隐患伤害身体。长期低头玩游戏，容易使颈椎关节发生错位，还可能患上腕管综合征、腱鞘炎等。不仅如此，“低头族”长期沉迷于玩手机，除了影响视力，还很容易引发白内障。如果人的头总是前倾盯着手机屏幕，会缩短脖子的肌肉，增大脸颊部位受到的地心引力，导致下颌松垂、脸颊下垂等。有研究指出，每天长时间接触电视及电脑，脑部过度刺激，会注意力不集中。长时间低头会使颈部松弛提早5年。下巴到颈部这段也是“低头族”的一级灾区，有美容医师说，颈部皮肤本身就处于对抗重力的过程中，受地心引力的作用，皮肤出现松弛下垂，可能使颈部的皱纹加深。长期低头玩手机、平板电脑，容易使人的生理弧度发生改变，轻则导致脖子僵硬不舒服，重则导致头晕、呕吐、手部和背部酸痛等症状。 低头族还容易出现心理疾

病。福建师范大学传播学院丛春华教授认为，“低头族”产生的原因是他们对自媒体的依赖。她认为，媒体具有工具的属性，应该为人所用，而“低头族”已被工具所控制，出现了心理疾病，患上了手机依赖症，这都是过度使用自媒体造成的结果。她表示，“低头族”被媒体牵引，已经忽视了自我的存在，不再以理性的形式生活工作，取而代之的是非常消极的态度。“同时，过分依赖自媒体会造成社交障碍、心理障碍、情感的冷漠化等危害。”丛春华说。

最后，“低头族”忽略人际互动。青岛市民张先生与弟弟妹妹相约去爷爷家吃晚饭，饭桌上老人多次想和孙子孙女说说话，但面前的孩子们却一个个拿着手机玩，老人受到冷落后，一怒之下摔了盘子离席。有媒体评论称：老人摔盘离席是现代社会生活的一个典型切片，手机引发的各种情感危机，在社会的各个角落里，一再重复上演。沉醉于手机的虚拟空间消解了社会伦理，致使人与人之间的关系变得冷漠、隔阂。正如小说《手机》的作者刘震云所说：“我就觉得手机好像自己有生命，它对使用手机的人产生一种控制。对手机的依赖使我们忽略了与自己的亲人、朋友、同事的交流。手机里的众声喧哗与手机外的众生沉默，反差强烈”。

【案例分析】

“低头族”现象的出现反衬出的是人们对于现实的某种逃避与冷漠。人们越来越喜欢在真实世界里伪装自己，却又选择在虚拟世界里表达真实的自我。如今生活在大都市的人们时常会怀念昔日四合院邻里之间互相帮衬，亲如一家。现如今，隔壁房间的邻居成了熟悉的陌生人。

“低头族”所显现的已不仅仅是一个简单的社会现象，而是我们应该如何处理科技与人类之间的关系。手机虽是现代生活中不可或缺的一部分，但若不加节制，找回人们对自身的控制力，必然会给生活带来麻烦，致使人际关系退化，甚至引发情感危机。心理学专家建议：对成人来说，应当有意识地减少使用手机和平板电脑的时间，培养自己对身边世界的观察能力，并且多参加积极有益的线下活动。不妨让自己锻炼一下独处的能力，戒掉手机瘾。所以不妨把手机放到一边，在一个安静的环境里单独待一会儿，慢慢培养这种能力，有利于戒掉对手机的过分依赖。

“低头族”的出现是人类科技与文明发展的阶段性产物，相信人们终将意识到，移动终端中的虚拟世界无论如何精彩，都始终无法代替现实世界的真实美好。科技只能拉近人与人之间的物理距离，而心与心的距离还是需要在“线下”构建。

第二章　大学生网络信息素养

2006年，联合国大会正式确定每年的5月17日为“世界信息社会日”，对信息技术的关注已成为每个国家的普遍共识；2007年，我国高校移动互联网平台“易班”成立，数字化校园建设成为每个学校建设题中之意。作为当代大学生——互联网的原住民，我们无法忽视信息技术引领的时代洪流，无法避免信息爆炸带来的严苛挑战，在网络的世界中搜集、识别、重组信息，就像是吃饭、喝水一样成了我们必备的生存技能，我们不会因为一个人拥有完备的信息素养而感到诧异，因为随着信息社会的进一步发展，它将逐渐成为我们必须具备的生存技能。做到适应社会发展，成为时代新人，实现自我价值，网络信息素养成了绕不过去的那道坎。

第一节　网络信息素养的溯源与发展

一、网络信息素养的概念

为了帮助大家更好地理解网络信息素养，我们采用最为直接，也最易理解的定义释意法，借由“种差＋属”形式，先厘定信息素养的实际效用，再探讨网络给信息素养带来的变化及要求，最后通过对具备良好网络信息素养者所展现出来的实际能力的客观描述，帮助大家了解网络信息素养的内涵及其外延，掌握其由来与本质。

（一）信息素养的由来

信息素养这一概念是由图书管理员、情报人员的信息检索、收集职业技能发展而来的。随着社会信息化程度的不断提升，信息素养经历了一个从掌握最基本的信息技

术和技能，具有信息意识，到具有信息选择、评价、运用的能力，具备信息伦理道德，并成为实现终身学习的一种信息时代公民必备素养的过程。

（1）关于信息素养的概念探究，最早起源于图书馆学研究领域，由图书检索的系列职业技能发展演变而来。

1974年，保罗·泽考斯基（Paul Zurkowski）率先提出信息素养（information literacy）的概念。他认为，“信息素养的关键内涵是知道如何去搜集、掌握信息以及如何运用信息解决问题”①，引发了学界的热烈探讨。但这一定义把信息素养局限在了掌握信息技能，对信息进行处理的行动维度，对于因何而搜集信息，对信息源有何具体要求并未进行探讨。

1989年，美国图书馆协会在泽考斯基行动维度的基础上添加了“知晓何时需要信息”的认识维度，把信息素养定义为“要成为有信息素养的人，需能确定何时需要信息，且能够有效地获取、评价和使用信息”②，对因何而搜集信息进行了规定。

1990年，美国国家信息素养论坛的年度报告对信息素养进行了更深入的阐述，认为一个具有信息素养的人，应能够认识到精确的和完整的信息是做出合理决策的基础，确定对信息的需求，形成基于信息需求的问题，确定潜在的信息源，制定成功的检索方案，从包括基于计算机和其他信息源获取信息、评价信息、组织信息与实际的应用，将新信息与原有的知识体系进行融合，并在批判性思考和问题解决的过程中使用信息。③至此，信息素养的内涵基本形成，后续学界对信息素养技术维度的研究也大都围绕此框架展开。

（2）随着信息化发展水平的不断提升，信息素养逐渐从技术要求转向公民权益，学界开始将研究着眼点放在如何更好地培养拥有信息素养的公民以及保障公民获得信息素养教育的权利上。

2001年，美国高等教育研究协会制定并通过《美国高等教育信息素养能力标准》，把对学生的信息素养评价进一步扩展为5个一级指标，22个二级指标和86个三级指标，

① BADKE W, BADKE W Foundations of Information Literacy: Learning From Paul Zurkowski. [EB/OL].（2010-01-01）[2022-07-07].https://www.scienceopen.com/document?vid=d7bc6377-6082-4bb0-be9a-1c0a2b055792.

② ASSOCIATION A L. American library association presidential committee on information literacy[R]. Final report, 1989: 2.

③ DOYLE C S. Outcome measures for information literacy within the national education goals of 1990 [R]. Final report to national forum on information literacy. summary of findings, Access to Information, 1992: 18.

主要内容包括：①确定信息需求的性质与范围；②高质量、高效率地存取所需信息；③批评地评价信息及其来源，把选择的信息纳入自己的知识系统与价值系统；④独自或作为集体中的一员有效地利用信息完成具体的任务；⑤了解信息使用涉及的经济、法律和社会问题，遵循伦理道德，守法地存取和利用信息。这一标准形成了首个完整的信息素养教学和评价的指导指标体系，标志着信息素养的培养体系在美国已逐渐成熟。同年，美国教育技术论坛报告将信息素养列为“世纪人才能力素养”重要内容。

2003 年，联合国教科文组织在信息素养专家会议上形成了《布拉格宣言》，宣称“获得信息素养是人的一项基本权利，也应该是人们有效参与信息社会的一个先决条件”①，重视信息素养成了国际共识。随后，在国际高级信息素养和终身学习研讨会上，信息素养更是被评价为推动终身学习理念实现的核心能力。

（3）千禧年前后，信息素养开始为国内学者所关注，同中国国情密切结合的信息素养研究成果开始显现，并逐渐形成了自有评价标准和培养体系。

陈文勇、杨晓等学者开始总结凝练国外信息素养概念及其研究成果，并将其传到了国内。他们认为，信息素养基本定义包含了三个主要概念，即寻找、评价、利用信息②，并在此基础上对我国信息素养教育和信息素养核心能力评价构建提出了自己的想法。此类学者对信息素养的认识范畴大都沿袭国外经验，主要基于技术的视角，强调如何更好地处理利用信息，其评价体系亦大都与国外经验基本相同，可以看作国内学者对国外经验的初步归纳与总结。

张倩苇从社会功能角度对信息素养概念进行了扩展与延伸。他们认为，信息素养不仅包括使用信息工具和信息资源的能力，还包括获取识别信息、加工处理信息、传递创造信息的能力，更重要的是独立自主学习的态度和方法、批判精神以及强烈的社会责任感和参与意识，将这些信息能力用于实际问题的解决和进行创新性思维的综合信息能力③。此类研究基于马克思主义教育观，将社会人的观念放进了人与技术之间的单一关系中，强调信息素养的学习不仅是基于兴趣高低的个人意愿，也不仅是全面发展的个体诉求，更是每个公民的责任与义务。

陈维维等学者借助马斯洛的需求层次理论，对信息素养概念中各能力间的关系进

---

① UNESCO, NCLIS. The prague declaration: towards an information literacy society, information literacy meeting of experts, prague, the czech republic [EB/OL].（2003-12-21）[2021-07-05]. http: //www.unesco.org/new/fileadmin/MULTIMEDIA/HQ/CI/CI/pdf/ PragueDeclaration.pdf.

② 陈文勇，杨晓光．信息社会中信息素养的几个问题探讨 [J]. 情报杂志，2001(4): 91-92.

③ 张倩苇．信息素养与信息素养教育 [J]. 电化教育研究，2001(2): 9-14.

行了深入解读，明晰了素养能力间的递进关系：将普通的了解、处理信息定义为基础性素养；将为了更好地从事一定职业、承担一定工作或者陶冶自己的情操所应具有的应用信息技术素养称为自我满足性素养；将为了实现自我价值，开发或设计新的信息系统供给他人使用，以服务大众和社会为目的信息素养称为自我实现性素养。[①]

张义兵等学者指出，信息素养已不仅是图书情报研究领域的特定概念，其在不同学科领域均具备丰富的概念内核。从技术学视野看，信息素养应定位于信息处理；从心理学视野看，信息素养应该定位于信息问题解决；从社会学视野看，信息素养应该定位在信息交流；从文化学视野看，信息素养应定位于信息文化的多重建构。[②]

2005年，在国内外学者研究的基础上，北京市文献检索研究会发布《北京地区高校信息素质能力指标体系》，其框架包括七个方面，并详细阐述了能力与能力之间的对应关系：①了解信息以及信息素质能力在现代社会中的作用、价值与力量；②确定所需信息的性质与范围；③有效地获取所需要的信息；④正确地评价信息及其信息源，并且把选择的信息融入自身的知识体系，重构新的知识体系；⑤有效地管理、组织与交流信息；⑥作为个人或群体的一员能够有效地利用信息来完成一项具体的任务；⑦了解与信息检索、利用相关的法律、伦理和社会经济问题，能够合理、合法地检索和利用信息。至此，国内对高等教育信息素养研究的概念、评价体系基本成熟[③]，形成了元概念。

（4）虽然学界对信息素养的概念定义尚未完全统一，但就其发展过程来看，三个基本共识已经形成。

①从内涵来看，形成了四个基本要求：一是信息意识，即觉醒对信息素养重要性的认识，了解信息素养的基本内容，形成学习掌握信息素养的高自主性，认识到完整精确的信息是做出合理抉择的基本条件；二是信息能力，即掌握寻找、评价和利用信息的能力，把这些能力作为技术和工具，为处理、完成各类复杂任务形成有效助力。三是信息分享，即重组、再造信息，并通过合理的渠道与方式，根据自身意愿，在群体间进行顺畅的沟通与表达；四是信息道德，即形成合理、合法检索、利用和分享信息的价值观念。

②从价值来看，已成为公民必备素质。信息素养已从图书检索、情报搜集等因社会分工而产生的专业技能要求中独立出来，开始作为保障普通公民自由全面发展的通

① 陈维维，李艺．信息素养的内涵、层次及培养［J］．电化教育研究，2002(11)：7-9.

② 张义兵，李艺．“信息素养”新界说［J］．教育研究，2003(3)：78-81.

③ 曾晓牧，孙平，王梦丽，等．北京地区高校信息素质能力指标体系研究［J］．大学图书馆学报，2006(3)：64-67.

识教育内容，从技术技能，转向人的素质发展。推广信息素养教育成为帮助公民适应信息时代，做到终身学习，实现个人价值的必由之路。

③从发展来看，与技术变化紧密相连。信息素养是社会发展到一定阶段的产物，是一个动态的概念，随着信息技术的更迭与突破，接触信息、分析信息和分享信息的渠道与媒介不断变化，信息对人学习、生活方式的影响也将不断改变，人们获取信息、处理信息和理解信息的具体方式也会相应调整，信息素养的内涵与外延也会不断发展、丰富和扩大。[①]

（二）网络带来的变量

互联网作为当代先进生产力的重要标志，深刻影响着世界经济、政治、文化和社会的发展，随着互联网技术的成熟与普及，网络已成为目前信息承载、搜集、处理和交流的主要场域。网络作为种差条件加入信息素养，既是信息素养概念的进一步细化，也是在网络技术的崭新挑战下，对信息素养内涵和外延的进一步再造。更有学者将网络信息素养称为第二代信息素养。[②]

1989 年，随着蒂姆·伯纳斯·李和其同事们在欧洲粒子物理实验室（CERN）成功研制出万维网，在技术领先和免费推广的双重优势下，网络开始迅速走进千家万户。[③] 由此，互联网 1.0 阶段的序幕被正式拉开，在这一阶段，互联网技术的特点是超链接。一方面，民众可以通过超链接对各类信息进行远程访问与浏览，极大地简化了信息搜集的流程，信息获得的门槛显著降低。另一方面，超链接打破了信息孤立的壁垒，民众可以通过网页内的图片、文本、音视频等元素进行不断跳转，迅速构建起信息与信息之间的联系。门户网站，如网易、新浪、雅虎（Yahoo！），是这个阶段的典型形态，互联网与民众之间还是单向传播关系，即门户网站负责整理和上传信息，而民众通过阅读予以接收。但可以明确的是，网络已作为人们收集信息的主要技术手段登上历史舞台。自此，了解网络作为信息的重要载体，掌握网络工具，自如地进行网上冲浪，成了该阶段网络技术对信息素养在意识和能力方面全新的要求。

2004 年前后，随着以论坛（BBS）、博客（Blog）为代表的参与互动技术对普通

---

① 李海燕．信息素养概念的评析 [J]. 上海教育科研，2003(2)：59.

② 彭立伟，高洁．国际信息素养范式演变 [J]. 图书情报工作，2020(5)：137.

③ A Brief History of the Internet[DB/OL]. [2018-08-06].https：//www.internetsociety.org/internet/history-internet/brief-history-internet.

民众变得友好和易于使用，“互联网 2.0”一词开始在学界和业界流行。[①] 在这一阶段，互联网技术的特点是沟通与交流。一方面，民众可以通过互联网超越时间和空间传递信息，极大地丰富了信息交换的方法和途径，基于有效信息的决策开始变得容易。另一方面，便捷的信息传递激发了民众的自主创作意识，基于个人重组、再造、分享的信息源开始爆发性增长。在这个阶段，网络与民众之间的关系从单向度传播，逐渐走向双主体相互影响、交织协同，民众也开始成为网络信息的缔造者，甚至出现了一批极具影响力的意见领袖。自此，更为熟练的信息重组、再造，并通过合理方式分享的信息素养成为网络技术发展的新要求。

随着互联网技术进一步迭代，移动互联技术逐渐成熟，装载于智能手机上的各类移动终端应用（App）将民众使用互联网的场景进一步拓展，随时随地便捷地接入互联网成为现实，由此，网络技术进入了“互联网 3.0”阶段。[②] 在这一阶段，互联网的技术特点是个性化的智能推送。网络开始借由人工智能等技术，通过对民众行为、位置等大数据信息的分析，有针对性地为民众推送包括学习资源、学习活动、认知工具、人脉资源在内的个性化服务。[③] 智能带来的个性化信息推送进一步降低了民众搜集信息的难度，但也带来了新的问题：一是基于用户刻板习惯推送的信息，逐渐形成了“茧房”，阻碍了民众对新信息的接触；二是使得色情、暴力等不良信息更容易找到传播的突破口，影响民众的身心健康，危害公共安全。自此，进一步提高信息辨别能力，自觉遵守道德伦理的信息素养成为关键。

（三）良好网络信息素养的具体表现

网络信息素养即网络技术发展前提下的信息素养，在信息素养能力内涵的框架下，其运用场景是网络场域，其知识要求随网络技术变化而更新，同时海量的信息对信息素养中的价值判断和道德品质带来了全新的挑战。因此，良好的网络信息素养应当具备觉醒的网络信息意识、优秀的网络信息能力和良好的网络信息道德。

1. 觉醒的网络信息意识

网络信息意识是网络信息素养的基础，指公民能意识到网络是当前信息源获取、信息交流、观点分享的主要渠道，具备主动了解网络知识、探索网络技术的自发意识，

---

① 白英彩，李家滨，谷大武，等．英汉信息技术大词典[M]．上海：上海交通大学出版社，2011：2087.

② 高欣峰，陈丽，徐亚倩，等．基于互联网发展逻辑的网络教育演变[J]．远程教育杂志，2018(6)：85.

③ 钟晓流，宋述强，胡敏，等．第四次教育革命视域中的智慧教育生态构建[J]．远程教育杂志，2015(4)：34-40.

对网络中有用的信息具有高敏感性，知晓网络上的有效信息能帮助自己做出精准合理的抉择，并注重保护信息安全。觉醒的网络信息意识主要包括四个方面：

一是能全面认识网络功能。不再片面地将网络看成只有社交和娱乐的场域[①]，进一步认识到，线上课程、电子图书、在线答疑等平台与渠道，能帮助我们获取新知识，解决新问题，培养新兴趣，助力我们终身发展。

二是能准确分析信息需求。能分析出解决当前问题或学习新知识时所需要的信息有哪些，在面对纷繁复杂的网络信息环境时，能清晰地知晓这些信息在网络上可能出现的形式。

三是能持续捕获敏感信息。在“信息过载”[②]的挑战下，对所需要的信息，能保持长效的高敏感性，在日常使用网络的过程中，习惯性地关注并收集、积累、观察和分析，对藏匿于各类干扰信息中的价值项能予以准确捕获。

四是能形成较强的安全意识。大数据时代，每个人都是“隐私透明人”，近年来互联网隐私泄密事件频发，网络诈骗对公民资产造成的损失逐渐加重。[③]在这样的环境下，能谨慎地在公开场合分享私人信息，注重隐私信息加密，对关键信息形成保护意识。

对于大学生来说，只有觉醒网络信息意识，才能在认知上接受网络信息素养对于学习、生活、自我实现的重要程度，才能在情感上以正能量的态度去拥抱信息技术变化带来的要求和挑战，才能在知识建构中自如运用网络作为有效支撑，才能在交流维度高效地分享自己的观念与看法。[④]

2. 优秀的网络信息能力

网络信息能力是网络信息素养水平在实践维度得到体现的根本支撑。网络信息能力指能够熟练运用各类网络工具，为完成信息检索、处理、分享等各类复杂任务形成针对性知识储备和有效技术保障的能力。优秀的网络信息能力主要包括以下几个方面：

一是对现代网络技术原理有基本认知。对计算机技术知识、计算机的基本操作、计算机常用软件的使用、计算机的日常维护等基础知识和技能有一定的了解，在此基础上，有较强的学习迁移能力，对新迭代、新领域的技术与知识，能从操作层面较快掌握。

---

① 施红星．试论大众网络信息素养的现状及走向［J］．中国出版，2012(01)：47.

② 尚新丽，童雅璐．网络信息用户生成内容过载研究［J］．图书馆理论与实践，2016(12)：49.

③ 刘晓燕，林思达，周丽敏，等．拒做大数据下的“隐私透明人”［J］．今日科技，2018(08)：

④ ACRL. Framework for information literacy for higher education[EB/OL].（2020-02-16）[2022-07-05].http：//www.ala.org/acrl/standards/ilframework.

二是能熟练获取网络信息。熟练使用各类网络信息搜索引擎进行信息检索，并知晓其涵盖的主要信息领域。比如，学术文章搜索使用知网，网络购物使用淘宝、京东等。

三是能科学评价网络信息。从微观来看，能从信效度、精确度、权威度和实效性等方面对检索到的信息进行评价与判断，围绕个人需求，明确了解被评价信息的价值；从宏观来看，能对信息所处的网络环境繁简、信息构成网络文化好坏进行判断。

四是能整合创新网络信息。能基于自身知识系统，按需对搜集到的网络信息进行加工处理，构建信息与信息之间的关联，并在关联的基础上，融合再造产生新的价值信息，丰富自身知识系统乃至形成新的知识结构。

对于大学生来说，拥有优秀的网络信息能力，才能将觉醒的信息意识落实到实践领域，否则一切都是无本之木，无从谈起。特别需要注意的是，随着翻转课堂、探究式学习、终身学习等概念的兴起，大学生作为学习主体的地位被不断强化，这对整合创新网络信息提出了更高的要求，甚至整合创新网络信息的能力强弱成了决定是否具备高网络信息素养水平的决定性因素。①

3. 良好的网络信息道德

网络信息道德是网络信息素养的伦理约束，是调节、制约信息的生产者、传播者、使用者之间道德意识、道德规范和道德行为的总和。② 其具体表现为充分认识个人信息安全、知识产权、网络言论影响，在遵循法律法规、符合公序良俗的前提下，进行网络信息的搜索、组织和传播。网络信息道德主要包括以下几个方面：

一是遵守网络道德。对于网络信息的利用，能够自觉遵循法律法规、伦理道德，自觉抵制不良信息，尊重他人知识产权。

二是承担社会责任。积极传播正能量，自觉维护网络秩序和网络安全，不任意扩散来历不明的网络信息，不随意散播网络病毒，不侵犯他人合法权益③，敢于面对网络虚拟世界的网络邪恶事件，并反思自身网络信息行为。

从传播的角度来看，负面的网络信息更容易吸引人的眼球，更容易在网络的虚拟空间内传播。④ 作为高知群体，大学生更应该积极投身风清气正的网络空间建设，抵制不良信息，帮助国家建立文明健康的交流平台，引领正能量。

---

① 冯丹娃，吕红美．基于生态意识的大学生网络信息素养研究 [J]. 黑龙江高教研究，2014(12)：147.

② 冯涛．信息检索 [M]. 北京：知识产权出版社，2015：22.

③ 何立芳，郑碧敏，彭丽文，青年学者学术信息素养 [M]. 杭州：浙江大学出版社，2015：15.

④ 李金花．莫让网络负面道德信息消解个体道德能力 [J]. 人民论坛，2019(5)：64.

二、开展网络信息素养教育的时代意义

截止到2020年6月，我国网民规模高达9.40亿人，互联网普及率达67%。[①]一个区别于现实世界的虚拟网络世界已经成型，其带来的网络信息已使我们的生活、学习方式发生了翻天覆地的变革。冉·凡·迪克（Jan Van Dijk）在《网络社会》一书中指出："毫不夸张地说，我们可以将21世纪称为网络信息时代。网络信息将成为网络社会的神经系统，而且人民能够指望这种基础设施比起过去时代建造用于物品与人员运输的道路来，会给我们整个社会和个人生活带来深远的影响"[②]。因此，开展网络信息素养教育，既是引导受教育者适应与接受社会生产方式的变化，更好地为经济发展做出贡献的社会需求，也是为了帮助受教育者形成与网络信息技术发展相适应的学习能力，更好地实现自身全面发展的价值期待。

（一）是满足社会期待的应然选择

马克思主义的教育观一般认为教育起源于劳动分工，人类劳动的社会性提出了传递和学习社会行为准则、道德规范、风俗习惯和宗教禁忌的客观要求，需要通过教育活动予以满足。[③]

随着互联网信息技术的迭代发展，从单向连接的"互联网1.0"，到双向互动的"互联网2.0"，再到万物互联的"互联网3.0"。今天，抬起手腕，智能手表就能精准地告知我们今日消耗的热量；无须开口，外卖App就能根据我们的口味给我们推荐今天的午餐；打开网站，我们心心念念许久的商品打折广告便浮现在眼前。脱离了互联网的社会生活已不复存在。

因此，必须开展网络信息素养教育，帮助人们了解网络信息知识，掌握网络信息技能与规范，熟悉网络信息社会的风俗、习惯、道德、法律，确立正确的网络生活目标、价值观念和行为方式，才能使受教育者不会孤立于社会之外。

同时，网络信息素养教育并非社会精细化分工的高阶能力，而是应该同语文、数学等基础学科一样，作为学习各类职业专业知识的前提和基础，具备高网络信息素养的受教育者，才能使社会分工的生产方式进一步延续，个人得以纳入社会结构，进一

---

① 网信办.CNNIC发布第46次中国互联网络发展状况统计报告[EB/OL].（2020-09-29）[2022-07-08]. http：//www.gov.cn/xinwen/2020-09/29/content_5548175.htm.

② Jan Van Dijk.The Network Society English Translation [M].London： SAGE Publications Ltd.

③ 郭洋波，秦玉峰.教育学[M].北京：人民出版社，2013：21.

步促进社会进步和发展。

（二）是应对信息迷航的破局之法

从石器时代到青铜器时代，从铁器时代到蒸汽时代，工具的革新、生产力的不断飞跃，引发了人类信息知识的大爆炸。人类科学知识总量在19世纪，50年增加1倍；20世纪初期，30年增加1倍；20世纪50年代，10年增加1倍；20世纪70年代，5年增加1倍；20世纪80年代，3年增加1倍；20世纪90年代更快。据统计，近30年来，人类所取得的科技成果比过去2000年的总和还要多。[①] 与此同时，科学技术转化为生产力的速度也越来越快，20世纪初，需要20~30年，20世纪六七十年代激光与半导体从发现到应用只不过用了两三年，而现在信息产品的更新换代只有十几个月。随着人工智能的出现，信息知识增长的速度还将不断以几何倍数呈现。我们不再受制于“密而不传”的知识、信息壁垒，却进入了另一个被广告、娱乐充斥的信息垃圾困境。

面对丰富多变的网络环境及范围广大、分散无序、不稳定的网络资源，许多网民出现了“注意力无法稳定，导致上网目标偏离，认知效率降低，从而影响特定认知任务完成”的信息迷航现象[②]，严重时甚至会出现信息过载而导致大脑皮层的兴奋与抑制功能失调，引发头昏脑涨、烦躁易怒、无精打采、注意力分散，乃至神经性呕吐、厌食等症状。[③]

因此，必须大力提倡网络信息素养教育，通过提高公民信息识别、信息判断能力，强化信息敏感度，去伪存真，减少负面信息给公民带来的影响，以良好的适应性，承受住技术带来的信息爆炸和信息垃圾冲击，避免出现心理障碍与困惑，保持社会主义核心价值观。

（三）是个体实现发展的必由之路

在当今知识经济与网络信息化时代下，各种既成的知识正在迅速折旧，终身学习理念逐渐从科研术语走向实践。进入21世纪，许多国家已制定、颁布了许多围绕终身学习的行动战略指南。例如，我国在2019年颁布的《中国教育现代化2035》报告，首次将“加快建设学习型社会”“构建服务人人终身学习的现代教育体系”列入两个一百年的国家重大战略。而网络信息素养正是人们进行自主学习的基本条件，也是一

① 何奎．大学生网络信息素养教育研究[D]．兰州：兰州理工大学，2012.

② 吴伟敏．网络学习中的“信息迷航”问题初探[J]．现代远程教育研究，2001(2)：25-28.

③ 安素平，白然．网络学习中的信息迷航成因及对策[J]．现代教育技术，2007，17(3)：61-63.

个人学会学习的主要标志，是终身学习的核心。[①]

因此，必须坚决提升网络信息素养教育质量，帮助公民形成终身学习的意识和能力，通过自觉评价、重组网络信息，更新自己的知识结构以适应社会的发展。公民也只有通过提高网络信息素养，强化终身学习能力，才能够跳出社会分工的圈子，更多地根据自己纯粹的喜好来发展自身，实现自己的价值理想。

三、大学生网络信息素养发展现状

截止到2020年6月，我国尚有非网民4.63亿人，不上网的前五大原因是“不懂电脑/网络”“不懂拼音等文化程度限制”“没有电脑等上网设备”“年龄太小”“没时间上网”，其比例分别为48.9%，18.2%，14.8%，12.9%，8.2%。[②] 作为大学生，已在义务教育阶段进行了信息技术课程学习，掌握了基本的电脑技术，拥有较高的文化程度[③]，不符合非网民的特征，可以基本判定，我国大学生都接入了互联网。虽然不同地区的大学生网络信息素养因经济、文化、地区政策、教育程度等差异会有所不同，但网络本身就是消除信息差距的最好工具，因此其群体差异不是很大，呈现趋同性，对我国大学生的网络信息素养现状可以做出如下总结。

（一）网络信息意识基本启蒙，但全面性、预见性、敏感性与安全性不够到位

从意识觉醒的角度来看，目前大学生已能充分认识到学习网络信息知识、掌握网络信息技术的重要性。2017年对广西高校700多名大学生的调查显示，100%的受访大学生认为“网络信息对我们的生活、学习、工作越来越重要”，86.76%的受访大学生认为“网络是我们获取信息资源的重要途径”，89.71%的受访大学生认为“如果想要获取更多有效的网络信息，需要学习多种信息技术”。[④] 但其网络信息意识还存在全面性不足、预见性欠佳、敏感性不够、安全意识有待提升的问题。

1. 对网络信息价值认识还不够全面

2016年对黑龙江省五所高校大学生使用网络的主要目的调查显示，27.5%的学生

---

① 钟志贤．面向终身学习：信息素养的内涵、演进与标准[J]. 中国远程教育，2013(8)：21.

② 网信办.CNNIC发布第46次中国互联网络发展状况统计报告[EB/OL].（2020-09-29）[2022-07-08]. http：//www.gov.cn/xinwen/2020-09/29/content_5548175.htm.

③ 赵健，吴旻瑜，万昆．我国当前义务教育阶段信息技术课程实施状况的调研结果及启示[J]. 课程·教材·教法，2019(12)：116.

④ 郭萍萍．大学生网络信息素养现状及提升路径研究[D]. 南宁：广西师范学院，2017：15.

是获取网络信息，26.5%的学生是沟通交流，26.5%的学生是娱乐消遣，只有19.5%的学生是学习。[①]面对2020年新冠肺炎疫情引发的网络在线学习热潮，对陕西、甘肃两省的一项调查显示，只有43.7%的大学生对线上教学持赞成态度，还有45.2%和11.1%的大学生对线上学习持中立和反对态度，大学生利用网络学习动机较为被动，缺乏良好的自主学习习惯。[②]对全国9省份22所高校大学生网络游戏行为的调查显示，大学生参与网络游戏的比例非常高，且一定程度上影响了现实生活，65.4%的受访大学生平均每天玩网络游戏的时间在1小时以上，其中3~4小时占比18%，2~3小时占比37.8%。[③]

可以看出，大多数学生对网络功能的认知比较单一，对于网络信息效用的认识不够深入，对于网络信息使用，大部分目的还停留在社交、娱乐等日常生活范畴，对于发挥网络信息对学习和个体发展重要支撑作用着力不多，认识不深。

2. 网络信息预见能力还有待提升

具有良好的网络信息意识对信息具有预见性，能分析出解决当前问题或学习新知识时所需要的信息有哪些，面对纷繁复杂的网络信息环境，能清晰地知晓这些信息在网络上可能出现的形式。

2017年对浙江省大学生的调查显示，还存在29.4%的学生对网络信息知识的需求不清晰。[④]对江苏高校的一项调查显示，94%的受访在校学生在网络信息的数字化阅读中出现过"信息迷航"现象，"经常出现"的占比为30.5%，其中有67.7%受到"信息迷航"困扰的学生感觉自己无法正确处理"迷航"问题。[⑤]对甘肃省大学生的数字阅读调查显示，过半受访大学生在搜寻网络信息时需要借助实时推荐、个性化推送、在线咨询服务。[⑥]

可以看出，目前大学生还未对需要的信息在网络中有可能出现的形式与内容形成较为具体的前期认知，导致面对网络信息时，容易受到各类形式的干扰，且不知道如何应对；同时，在获取新信息的意识方面，对基于人工智能的大数据信息推送存在依

① 董冰蕾．大学生网络信息素养培育研究[D]．哈尔滨：哈尔滨理工大学，2017：28．

② 刘燚，张辉蓉．高校线上教学调查研究[J]．重庆高教研究，2020(5)：67-69．

③ 朱琳．大学生网络行为失范的类型、成因与对策[J]．华东师范大学学报（教育科学版），2016，34(2)：89．

④ 张士东．大学生移动个人知识管理调查研究[J]．软件导刊（教育技术），2017，16(4)：80-81．

⑤ 王雨，李子运．大学生数字化阅读现状调查与对策研究[J]．图书馆建设，2013(5)：57．

⑥ 巩林立，王倩，李志刚，等．移动互联网时代大学生数字阅读行为特征及发展策略研究[J]．大学图书情报学刊，2020，38(2)：51．

赖性，容易受到“信息茧房”的影响，导致信息源越来越单一。

3. 网络信息敏感程度还有待加强

具有良好的网络信息意识应该能在“信息过载”的挑战下，对所需要的信息保持长效的高敏感性，在日常使用网络的过程中，习惯性地关注并收集、积累、观察和分析，对藏匿于各类干扰信息中的有价值的信息予以准确捕获。

对山西省大学生的个人知识管理现状的调查显示，42.9% 的受访大学生对手头的网络信息资料为“想起来才整理”或者“从不整理”的状态，只有 7.3% 的受访大学生使用专业知识管理软件。① 在移动领域，对浙江高校的调查显示，虽然有 70% 的受访大学生希望能够随时随地保存不经意间遇见的网络信息，但在实践过程中有 51% 的受访大学生表示从未安装过个人知识管理类应用。②

大学生对自己专业或感兴趣的某一类知识，缺乏持续敏感性，信息归类整理的重要性意识尚未完全形成，面对大量信息，注意力很容易被一些有冲击力的“标题党”文章链接分散，导致知识体系碎片化，难以持续而长效地形成对某一领域的深入研究，在生活中遇到类似的问题也不能迅速从已有信息中找出方法予以应对。

4. 网络信息安全意识还有待提升

具有良好的网络信息安全意识应该重视安全性维度，能谨慎地在公开场合分享私人信息，注重隐私信息加密，对关键信息形成保护意识。

截止到 2020 年 6 月，我国网民因个人信息泄露造成安全问题的比例在网民遭遇的各类网络安全问题中位居榜首，比例为 20.4%。③ 针对海南省高校的大学生网络信息安全基本情况的一次调查显示，仅 24.89% 的学生真正去了解过有关网络信息安全的知识，且男生对网络信息安全的关注度远高于女生。④ 针对不同场合大学生网络信息安全防范意识的一次调查显示，有 36.66% 的受访大学生偶尔会扫描来历不明的二维码，有 19.71% 的受访大学生会在朋友圈算星座、测性格等趣味小游戏中填写真实的个人信息。⑤ 一项对智能手机用户信息安全意识的调查显示，在受访的大学生中，有 52.7% 的

① 李菲，杨爱平，蒋琳瑶，等．山西省大学生个人知识管理现状调查 [J]. 中华医学图书情报杂志，2013，22(1)：78.

② 张士东．大学生移动个人知识管理调查研究 [J]. 软件导刊（教育技术），2017，16(4)：80-81.

③ 网信办.CNNIC 发布第 46 次中国互联网络发展状况统计报告 [EB/OL].（2020-09-29）[2022-07-08]. http：//www.gov.cn/xinwen/2020-09/29/content_5548175.htm.

④ 魏德才，陈胜男．大学生网络安全意识调查研究 [J]. 海南广播电视大学学报，2015，16(1)：71-72.

⑤ 方锦浩．大数据时代大学生个人信息保护分析 [J]. 法制与经济，2020(5)：127.

同学对所安装应用的权限需求不了解，有 36.51% 的学生会经常授予应用程序所请求的权限，有 51.87% 的学生偶尔点击未知链接，59.75% 的学生没有关注过网络信息安全法规。①

总的来说，大部分大学生都具备了一定的网络信息安全意识，尤其表现为对自己的真实信息防护意识比较到位。但对如手机应用权限造成的泄密，朋友圈照片造成定位信息泄露，同一个密码在多个网站同时使用导致破解等较为隐蔽，需要较高网络信息安全意识的领域，大学生群体还存在较大的知识盲区和风险。这一点尤其体现在对计算机技术不是特别敏感和擅长的女大学生群体中。

（二）网络信息能力明显提升，但系统性、熟练性、精准性与创新性不够到位

近 3 年，我国即时通信工具的用户规模增长了 23913 万人，网络搜索工具的用户规模增长了 15609 万人，分别占全体网民数量的 99% 和 81.5%。② 可以看出，随着信息技术教育和网络设备的普及，对绝大多数的大学生来说，简单通过网络进行信息搜索和信息分享并不是什么难事。一项对广西大学生的信息获取能力的调查显示，仅有 5.43% 的受访大学生认为自己有效获取网络信息的能力不足，绝大多数的受访大学生都认为自己能够有效地从网络中获取信息。③ 但多个实证研究发现，大学生对自己的网络信息能力存在盲目自信，尤其表现在网络信息知识、网络工具应用、网络信息评价、网络信息整合等方面，实际的网络信息能力还有较大的进步空间。

1. 对网络信息知识掌握欠系统

对吉林大学生的网络信息知识调查显示，受访大学生在信息知识方面的得分均值为 2.63 分，并未达到 3 分的合格期望值，学生的信息知识储备量比较有限。④ 大学阶段，网络信息知识的主要来源是大学计算机基础课，但调查显示，在大一上完相关课程后，由于缺少持续锻炼和系统回顾，学生知识弃用和严重遗忘的状况较为突出。⑤ 一项对信

① 周凤飞，王佳佳．大学生智能手机用户信息安全意识与行为调查分析 [J]. 图书馆情报工作，2018，62(10)47-53.

② 网信办。CNNIC 发布第 46 次中国互联网络发展状况统计报告 [EB/OL].（2020-09-29）[2022-07-08]. http：//www.gov.cn/xinwen/2020-09/29/content_5548175.htm.

③ 郭萍萍．大学生网络信息素养现状及提升路径研究 [D]. 南宁：广西师范学院，2017：15.

④ 白雪，白永国．计算机基础课程中大学生信息素养水平调查提升策略研究 [J]. 吉林化工学院学报，2019，36(12)：52.

⑤ 郭萍萍．大学生网络信息素养现状及提升路径研究 [D]. 南宁：广西师范学院，2017：16.

息焦虑原因的调查显示，大学生因“网络信息专业知识不足，或对专业知识掌握运用能力不佳”导致信息焦虑的情况，在15类影响因素中排名高居第二。①

可见，目前大学生的网络信息知识多集中于日常使用领域，对于使用频次较低的知识容易遗忘，且在课堂的学习过程中，学习整体质量不高，知识未能系统保存和内化，导致现有网络知识无法应对复杂领域的网络信息搜集和处理，引发自身焦虑。

2. 对网络信息工具应用欠熟练

熟练的网络信息工具运用主要表现为能使用各类网络信息搜索引擎进行信息检索，并知晓其涵盖的主要信息领域。

当前，大学生群体都能够熟练并频繁地利用网络信息搜索引擎搜集信息。作为占据国内搜索引擎龙头地位的百度，是大学生最为熟悉的网络信息搜索工具，百度发布的2020财年第一、二季度财务报告显示，15~20岁用户的使用流量仍稳健增长，但值得注意的是，在女大学生群体中，360搜索的使用量明显高于男生。同时，搜狐、hao123等门户网站的搜索使用量逐步降低。

但从具体的信息搜索效果和过程来看，对山西太原大学生的一项调查显示，在使用搜索引擎过程中，能经常准确匹配搜索关键字的学生比例不到受访人数的50%，且只有10.48%的大学生能够使用多条件来进行复合高级搜索。②对江苏大学生的学术信息检索的调查显示，在搜寻学术论文时，只有13%的受访大学生选择使用如中国知网、维普这样的科技文献搜索工具，39%的受访大学生会选择如百度文库、谷歌学术这样的细分搜索，但还有47%的学生在检索学术论文这样的细分知识领域时，仍然使用百度搜索、360搜索这样的公开搜索引擎。③

目前大学生群体对工具的利用率还不高，信息搜寻结果的精度和深度还有待提升，主要表现为应用技能仅停留在简单搜索上，对于多关键词搜索、多条件搜索用得不够熟练。从用于特定用途的搜索行为来看，大学生群体表现出对专业知识领域的检索工具认识不够到位，使用频次不够多，仍依赖通用的搜索引擎。

3. 对网络信息评价分析欠精准

广西大学生的调查显示，仅有5.29%的受访大学生认为自己的信息评价分析能力

① 袁珍珍. 大学生信息焦虑实证研究[D]. 郑州：郑州大学，2018：35.

② 付佩佚. 地方高校大学生网络素养现状调查——基于山西省太原市5所高校的实证分析[D]. 太原：山西大学，2015：17.

③ 王佳丽. 大学生网络学术信息检索行为研究[D]. 南京：江苏大学，2016：23-24.

不足，86.85% 的受访大学生会对网络信息源进行有意识的辨别。[①] 对太原市大学生的调查也反馈出同样的结果，89.52% 的受访大学生认为网络信息真假混杂，并不全是真实生活的反映。[②] 从中可以看出，大学生目前都能有意识地对网络信息进行评价与分析。

相对于意识层面上的注意提升，在实际操作层面，大学生对网络信息进行精准评价和分析的难度与日俱增。一是从信息总量来看，大量真伪消息鱼龙混杂充斥网络空间，许多观点多元并立均有相当支持者，给网络信息评价分析带来了极大干扰。例如，2020 年我国新冠肺炎疫情防控期间产生了“吃大蒜、喝白酒可以防治新冠”“白岩松对话钟南山”等多条不实网络信息。[③] 二是从信息评价的软件工具来看，使用门槛越来越高，在大量的学习探索之前，大学生很难掌握如 SPSS 等专业数据分析软件。三是受到好奇、爱挑战的心理客观因素限制，更容易为不良网络信息和错误思潮影响，潜移默化地致使对网络信息评价、分析失去准度。例如，由历史虚无主义思潮孕育的西方“和平演变”战略，通过刻意选取片面的历史片段诋毁我国，在碎片化的网络空间中迅速传播，对大学生造成了消极影响。四是受到“沉默螺旋”影响，越来越多的大学生在评价过程中，容易受到网友评分、点赞数、粉丝数等外在条件影响，对于自身判断失去信心。对山东省大学生信息评价依据的调查显示，73.76% 的学生会根据信息发布者的权威性来对其进行评价和判断，认为这是评价可信程度的重要条件。[④]

总体而言，目前大学生基本具备了网络信息辨别意识，但在操作层面，具体评价分析的知识方法依据不明，多方面证伪方法不多，且受到诸多客观条件影响，对网络信息的评价还不够精准。

4. 对网络信息整合应用欠创新

对网络信息整合产出的具体形式表现可以是文字、视频、歌曲等，发布在网络平台后可被其他网民悉知、评价和讨论。

基于中山大学的一项调查显示，近 84% 的受访大学生表示能将碎片化的互联网信息围绕某一特定主题进行整合，大学生群体对碎片化信息整合的意识与基础能力比较

① 郭萍萍．大学生网络信息素养现状及提升路径研究 [D]. 南宁：广西师范学院，2017：18.

② 付佩侠．地方高校大学生网络素养现状调查——基于山西省太原市 5 所高校的实证分析 [D]. 太原：山西大学，2015：19.

③ “2020 年度涉新冠肺炎疫情防控辟谣榜”正式发布！ [DB/OL]. [2020-12-07]. https：//baijiahao.baidu.com/s?id=1685406340192775781&wfr=spider&for=pc.

④ 张晓琼，刘世玉．大学生网络信息使用能力研究 [J]. 阜阳师范学院学报（自然科学版），2019，36(4)：96.

到位。但在创新层面上，近30%的学生表示不能够利用现有信息提出新的观点和假设，大学生信息创新能力有待提高。近35%的学生表示不能够利用数据处理软件对数据进行处理分析。[①]从信息整合与分享的表现能力上看，对皖北地区大学生的调查显示，仅有21.33%的大学生基本会用PowerPoint软件创建幻灯片和利用各种网络论坛等多种信息技术手段和信息技术产品进行信息交流，35.38%的大学生不太会用，11.63%的大学生完全不会用。[②]从高质量的意见领袖能力来看，对江苏大学生的调查显示，63.11%的被调查大学生选择当听众，愿意做“沉默的大多数”，并不发表意见。即使偶尔发言，也并非进行系统阐述与讨论，大多是感性地在朋友圈分享片面的感想，不具备强说服力。[③]

可以看出，目前大学生群体虽然对网络信息整合具备一定的基础，能够从碎片化的网络信息中按照自身需要进行整合汇总，但这种汇总仅仅停留在“加法”的信息堆叠层面上，而不是进一步建立信息与信息之间的关系，形成“乘法”式的信息创新。在信息的分享与表达层面上，大多数大学生仅停留在转发，或沉默的状态，对于如文字转图像，图像转视频等信息载体转化与创新意识乏力，对PowerPoint、Photoshop等信息格式转换、表达的软件不了解，且敢于在网络环境中发声的意见领袖相对较少。

（三）网络信息道德意识加强，但还存在部分伦理失范、担当失责现象

对国内大学生的信息道德的实证研究表明，大部分大学生在获取和使用信息方面具备合理、合法的道德意识，能清楚地认识到网络环境下的信息自由是有限度的。[④]但由于我国在信息道德教育、信息环境创设等方面相对滞后，大学生群体在成长的过程中受如网络诈骗、网络暴力等不良因素的影响较多，目前还存在伦理失范和担当失责的现象。

1.存在网络信息伦理失范现象

合乎规范的网络信息道德表现为对于网络信息的利用，能够自觉遵循法律法规、伦理道德，自觉抵制不良信息，尊重他人知识产权。

在网络信息使用方面，大学生在写作的过程中还存在大量引用而未标注的情况，具体表现为学术不端。在自觉抵制不良信息方面，对广东大学生的调查显示，有超过

① 黄晓斌，彭佳芳.新环境下大学生的信息素养评价研究[J].图书馆学研究，2019(19)：17.

② 杨虎民，余武.当代大学生信息素养的现状调查与思考——以皖北地区高校为例[J].2014(2)：73-78.

③ 文萍，马宏贤.高校思想政治教育“网络意见领袖”的培养与激励[J].教育评论，2017(3)：101.

④ 张静.大学生信息道德影响因素实证研究[J].情报探索，2016(10)：42-43.

一半的大学生因好奇和生理需求曾主动浏览过色情网站，同时受访大学生在被动接受网络色情信息时，反映出的抵抗力不强。[①] 在尊重知识产权方面，对山东大学生的正版软件使用情况调查显示，只有17%的学生选择坚决不购买盗版软件，有33%的受访大学生表示因为便宜所以经常购买，绝大多数大学生对盗版软件呈现不抵触态度。[②]

可以看出，大学生的网络道德意识存在失范现象，主要表现为对网络信息使用的规范性把持不严，对不良信息和行为的容忍度较高且产权意识不强。

2. 存在网络信息担当失责现象

网络社会责任包括积极传播正能量，自觉维护网络秩序和网络安全，不任意扩散来历不明的网络信息，不随意散播网络病毒，不侵犯他人合法权益[③]，敢于面对网络虚拟世界的网络邪恶事件，并反思自身网络信息行为。

面对一些“热搜”和突发事件，少部分冲动的大学生对不实信息进行分享、在情况不明的情况下盲目顶帖和跟风谩骂，表现出一系列过激行为。但更为严重的失责表现为：大学生群体在面对不实信息时，往往处于沉默状态，不能够主动对不实网络信息进行主动阻截和澄清。对广东大学生网络沉默行为的调查显示，只有20%受访大学生面对虚假言论敢于站出来澄清事实，实际的网络沉默高达71%。[④]

可以看出，大学生对于网络信息的责任担当意识还有待加强，面对舆论热点要保持清醒，尤其需要在面对不实信息的时候敢于发声，传播正能量。

第二节　网络信息素养教育探析

本节将结合案例，对大学生常见的信息素养症结进行分析与整理，帮助大学生更好地掌握网络信息素养的内涵，同时对自身的网络信息素养水平进行自我评价。

① 李志，李龙．网络色情信息对大学生的影响及治理 .[J] 调查与研究，2015(23)：11-12.

② 黄静．山东省高校学生信息素养调查研究 [D]. 安徽：安徽大学，2017：34.

③ 何立芳，郑碧敏，彭丽文．青年学者学术信息素养 [M]. 杭州：浙江大学出版社，2015：15.

④ 王博．广东大学生网络沉默行为调查报告 [J]. 吉林广播电视大学学报，2016(9)：26-27.

案例一：PX：词条保卫战[1]

【案例描述】

互联网已经成为人们获取知识的重要途径。假如你搜索“PX”一词，百度百科词条会告诉你“PX即对二甲苯，低毒化合物，毒性略高于乙醇”。这是一个科学常识。但当你点开网页右侧的词条统计时，70多条编辑记录告诉你，这里曾经是“保卫真理”的战场。

4月2日下午，清华大学化工系大二学生王润佳惊讶地发现，百度百科词条中对“PX”的解释竟是“剧毒”。原来，3月30日，茂名反PX游行事件发生当天凌晨，有网友利用百度百科词条可编辑的特点，将PX毒性由“低毒”改成了“剧毒”。当晚8点30分左右，一名网友打响了“词条保卫战”的第一枪，将“剧毒”改回了“低毒”。4月2日中午，硝烟再起，PX再次被改为“剧毒”。尽管先后有网友多次对恶意篡改内容进行纠正，但连续几次都被改了回来。见此情形，王润佳当即决定用所学的知识解释PX词条，并在社交网站上号召同学们加入。

当天晚上，交锋变得异常激烈，词条几乎每隔半小时就被刷新一次。在数次交锋后，网友@ImhotepEgy率先亮明了自己清华化工系学生的身份，并声明“以专业知识担保”。随后，清华化工系大四学生蔡达理也参与了词条修改，并写下“清华化工系今日誓死守卫词条”的字样。此言一出，群情激奋。先后有近10名清华化工系学子自发在知名网站上捍卫PX低毒属性这一科学常识。据统计，5天内，该词条被反复修改多达35次。4月4日，百度百科最终将该词条锁定在“低毒化合物”这一描述上。清华化工系的学生取得了这场“词条保卫战”的胜利。

虽然PX“沉冤得雪”，但网络百科上仍有许多信息在蒙受“不白之冤”。据媒体报道，3月，百度百科上余额宝的客服电话号码被篡改为诈骗电话，导致江苏常熟的网友被骗5万元。2012年，百度百科的医疗内容被质疑用于营销，百度不得不请来权威专家，对全部医疗类词条逐一审核。

百度百科是一部内容开放的网络百科全书，这就意味着任何人都可以参与词条内容的撰写。国内类似的网络平台还有互动百科、搜搜百科、知乎等。全球最大的网络百科全书维基百科（Wikipedia）创办于2001年，是世界五大流行网站之一，拥有287种语言版本。如果仅以词条数来比较，维基百科能装下1600本《大英百科全书》。在维基百科上，有7.6

---

① PX：网络词条保卫战[DB/OL].[2014-02-08]. http://www.cssn.cn/zm/zm_jfylz/201404/t20140410_1062280.shtml.

万名志愿者更新维护各类条目，有的词条甚至被反复修改过上百次。即便有如此大的编辑团队，维基百科也难保客观公正，甚至成为少数人的名利场。例如，在一个有关苹果与三星专利官司的词条中，撰写者被指有意弱化了三星的败诉；之前，IBM 的雇员被指编辑了自己公司的条目，这违反了该网站反对付费编辑和利益冲突的相关规定。目前该网站的编辑人员 90% 为男性，且多数来自富裕国家。这一情形造成的结果是，维基百科在科学技术方面的信息相当全面，但有关贫穷地区及社会事件的信息却寥寥无几。

【案例分析】

“PX”词条的保卫活动可以说是大学生网络信息意识觉醒的标志性事件，极好地展现了网络信息时代大学生群体的正能量形象。目前，我们对新知识和新概念的理解基本来源于网络信息搜索，对于百度、维基百科等官方网站现成的结果我们常常深信不疑，并直接纳入自身知识体系进行使用。设想一下，假如没有这些饱含正能量的大学生对专业领域网络信息真实性的锱铢必较，我们也许就同“路由器天线越多信号越好”等刻板印象一样，至今还对 PX 的毒性认识存有偏见。结合这个案例，我们将通过三个角度，帮助大家对自己的网络信息素养水平进行审视与反思。

第一，你是否拥有如此敏锐的网络信息获取意识？

从事件发生的因由来看，是以王润佳为代表的清华大学学子通过搜索引擎了解相关专业概念，进行专业学习，并在偶然间发现了百度词条中 PX 毒性介绍的表述错误，随后引起了网络交锋。

我们在学校学习的过程中，当新接触到某一概念或知识体系时，有没有主动通过如搜索概念词条浏览前沿文章观看其他学校网络慕课等方式对所学知识进行完善和补充？能不能意识到网络信息渠道对夯实专业能力和巩固专业知识的重要性，将自己从知识的被动接纳者，转变为知识的主动寻找着，形成自我探究和自我研究的良好习惯？

我们在使用搜索软件时，是否同案例中的王同学一样，敏锐地注意到了百度百科、百度资讯、百度学术等细分目录？在生活中，我们有没有碰到过明明之前好像见过这个信息，却怎么也搜索不出来的状况，甚至有时候在搜索信息前，对信息可能出现的网站、具体的表现形式等都不太清楚，每次搜索都如同大海捞针？

第二，你是否也曾不加分辨地引用网络词条信息？

《浅薄：互联网如何毒化了我们的大脑》中有一个值得深思的观点：“当我们知识汲取都有赖于搜索引擎，我们的大脑将变得浅薄，因为我们将不再会记忆和思考。”随着网络信息工具的快捷化、方便化、效率化等特点深入人心，我们常常遇到问题就通过网络进行搜索，随后便放心地利用，这种放肆和盲目的心理使得我们常常在虚假、错误的信息前迷失方向。如果我们过于简单地相信网络信息，就会同案例中江苏常熟的网友一样，面临网络诈骗的风险。以下两种情况最容易导致我们对网络信息轻信：

一是可能存在数量偏见心理，单纯地将网络消息的阅读数量、评分高低、转发多少等量化因素作为信息真伪的评判标准，无论信息的重要程度高低，从不通过相互印证等方法进行源头判定，导致出现盲从，不愿意思考的情况。

二是可能存在自我偏见心理，忽视了自身认知和思维的局限性，被“信息茧房”和思维定式束缚，一旦发现网络信息内容同自我知识结构和认知概念相符合，便认为其正确，造成一些不实的网络信息观点被引用。

第三，你是否敢于发声承担社会责任？

从案例“斗争”的过程来看，近 10 名清华大学生面对 PX 属性的错误描述，敢于自曝身份，不畏困难，不怕麻烦，历经 5 天和 35 次修改，对错误的信息予以坚决抵制和抨击，使得信息最终被更正。

在日常生活中，通过我们的信息辨别能力，能识别出网络上的一些虚假消息，但大多数情况，对于这类信息，我们常常抱着一种只要对我没有影响，就任由其散布于当前网络空间的心态，没有主动通过评论、申诉、发帖等方式对虚假信息进行抨击，仅仅作为沉默的大多数，觉得不转发、不传播就尽到了自己的义务。

案例二：我是如何推理出王珞丹住址的[①]

【案例描述】

王珞丹在微博上发表了从她家里往外拍的照片，表面上看，这是两张极为普通的照片，或许浏览者不会过多注意，而实际上，有人利用这两张图片所传递的信息推理出了她家的位置，并公布在网上。

【案例分析】

微博、朋友圈等日常生活的分享平台近年来成了隐私信息泄露的重灾区。只要你注册了一个或若干个网络社交软件，便可通过这个软件平台随时随地生产、分享各式各样的微内容，你每一次分享的信息都成了一个个碎片，一旦稍不留神，就会被有心之人串联，挖掘出你的个人隐私与秘密。在这篇帖子被网友热议之后，一时间大家人

---

① 我是如何推理出王珞丹住址的 . [DB/OL]. [2017-04-17]. https: //www.zhihu.com/question/37248069/answer/74237917.

人自危，更有甚者，删除了自己社交平台的全部信息。结合这个案例，我们将围绕网络信息安全意识和网络信息整合能力，帮助大家进行审视与反思。

（一）你是否也缺乏对网络隐私信息的保护意识?

案例中，王珞丹只是简单地在微博平台通过照片分享了自己屋外的美丽景色，以及某些琐碎记录的文字，单看每一条都仅仅是对生活中某件有趣事情的记录与分享，但在有心人士的眼中，这些信息一经结合，便可轻而易举地推测出个人隐私，令人惊叹。相较于大学生，我们绝对相信明星对隐私保护的敏感程度要高得多，案例中的信息泄露必然不是出于主观意愿，而是并未形成互联网时代的信息保护意识。

在网络社交平台上，往往存在着这样的悖论：出于社交的渴望和群体认同感，大学生愿意将自己的日常生活点滴通过文字、语言、图片、视频等形式中在网络中予以分享，从而获得更多点赞与关注。但信息分享越密集，信息与信息之间潜藏的秘密也就越容易被人察觉，一旦这些数据被泄露，便会出现极大的安全隐患。

在网络信息时代，你是否也热衷于网络社交，在发布的信息中，有没有过“晒证书”“晒奖状”把真实姓名、手机号、邮箱地址等隐私信息不加密直接发布的历史？是否也会同案例一样，分享自己窗外的美景？是否也从未意识到这些信息有可能给自己带来的伤害？

（二）你是否拥有这样的信息分析与整合能力?

从信息能力的视角出发，案例作者对于所需要的信息有极强的预判性，知道在微博这样的社交平台有可能搜寻到有效信息；对与信息的转化十分熟练，知道窗外的具体景色可以在平面的地图上找到对应点；对信息的链接非常精准，能通过蛛丝马迹进行信息整合，为具体住址的确定提供强有力的信息支撑。而这恰恰是目前大学生群体所欠缺的。

我们在围绕具体目标通过网络寻找信息支撑时，常常陷入简单的“唯结果”论思维，只能分辨出那些如“今天的天气不好”“今天下暴雨”等带有明确判断性，同具体目标具备强链接关系的信息，而对于那些隐藏的，需要推理和构建链接关系的如“今天很多人带伞”“今天大家到教室的时间比以往稍晚”等指向性，链接性不强的信息往往选择性忽略。

（三）你是否也曾有过违反信息道德的行为？

技术是中立的，其立场关键在于使用者的意图。案例中作者对明星住址的信息剖析，从明星隐私保护的角度来看，实质上的一种信息滥用带来的公民隐私权利侵害。

随着网络技术的升级，各类信息雁过留痕，每个人在网上留下的信息不可避免地会越来越多，难免为人所窥探和利用。虽然在人际交往关系里，我们常常通过了解朋友的小道消息和奇闻逸事来获得乐趣，或表达谴责，但互联网环境导致人际关系无限扩大化，原来在小范围内无伤大雅的玩笑，在网络中则会变成群起而攻之的“人肉搜索”，从而给信息人带来较大的伤害。

在分享和发布网络信息的过程中，我们有没有曾经无意或有心地将他人的关键信息公之于众，是否能够意识到，借用信息手段，对他人隐私的分析实际上是一种违背信息道德的行为，值得我们进一步思考。

网络信息素养评价量表①如下，我们可结合可观察行为，对个人网络信息素养进行系统性评价。

一级指标	二级指标	可观察行为
信息意识与态度	信息感知意识	1. 能够对信息进行识别、分类； 2. 能够利用网络来寻找、筛选和判断信息； 3. 够确定信息来源的正确性和可靠性； ……
	信息应用意识	1. 能够利用信息技术的相关知识与方法解决问题； 2. 能够利用思维导图工具开展头脑风暴活动； 3. 能够使用信息技术工具辅助学习； ……
	信息安全意识	1. 能够保护自身和他人隐私； 2. 能够分辨健康信息与有害信息； ……

① 朱莎，吴砥，杨浩，等．基于ECD的学生信息素养评价研究框架[J]. 信息素养研究，2020(10)：91.

续　表

一级指标	二级指标	可观察行为
信息知识与技能	信息科学知识	1. 了解各类操作系统、文字处理软件、图形图像处理软件、视音频处理软件等的操作方法； 2. 了解信息技术的发展历程、基本现状及未来趋势，掌握信息检索与评测的基本知识与技术、信息分类与存储的方法； 3. 掌握动画、视频、课件、网页等数字化学习资源的设计方法； ……
	信息应用技能	1. 能够利用各类搜索引擎和网络平台查找所需信息； 2. 能够对信息分类并用表格的形式呈现信息； 3. 能够通过各种途径和方法鉴别和分析信息； 4. 能够基于特定内容或围绕特定主题，创造有价值的信息资源； 5. 能够创造新产品，如主题幻灯片、数据图表等； ……
信息思维与行为	信息思维	1. 能够定义及识别信息中隐含的假设，对信息进行演绎推理； 2. 能够在信息活动中采用计算机处理问题的方式界定问题、抽象建模、组织数据； 3. 能够通过整合资源并运用合理算法构建问题解决方案； 4. 能够总结计算机解决问题的过程方法并迁移到相关问题的解决中； ……
	信息行为	1. 能够积极使用广泛的交流工具（电子邮件、即时通信、社交网络）进行在线交流，能够使用协作工具创建和管理内容（如项目管理系统、共享文档等）； 2. 能够使用先进的通信工具与人交流（如视频会议、数据共享、应用共享）； ……
信息社会责任	信息伦理道德	1. 尊重知识，认同信息劳动的价值； 2. 遵守网络文明公约，净化网络语言，文明礼貌地学习交流； 3. 约束自己的信息道德行为和监督他人信息行为； 4. 管理及保护个人资料，尊重他人信息安全； ……
	信息法律法规	1. 遵守有关信息使用的法律和法规； 2. 清楚平等访问、存取信息的权力，尊重他人知识产权； ……

第三节　网络信息素养提升策略

本节将针对大学生网络信息素养的现实症结，从理论和实践操作的双重维度，帮助大家找准网络信息素养提升的关键因素和具体路径。

一、拥抱时代，革新网络信息意识

（一）强化全面性，进一步提升终身学习意识

要认识到网络信息素养的重要性。深刻理解新知识技能爆发式增长与革新导致现有知识和技能无法满足日后的社会需要的学习紧迫性。大学生必须养成良好的网络信息素养，拥抱网络，并利用网络信息搜寻的便捷性开展终身学习，帮助自己应对时代变化和技术更迭，确保自己能跟上时代的脚步，持续服务国家经济发展，实现自我价值。

（2）要肯定网络技术的中立性。接纳自己高频使用网络娱乐、社交的行为，避免把网络视为洪水猛兽予以否定，将自己的失败或成功单纯地和上网时间长短简单挂钩。从思想上主动扭转网络作为单纯娱乐、社交场所的片面观点，形成自发了解、利用网络信息和网络资源学习的信息意识，面对学习和生活中的具体任务，能及时想到利用网络媒介予以解决。

（二）强化预见性，进一步提升信息解构意识

（1）要接受网络信息纷繁复杂的现实困难。面对信息纷繁复杂，难以处理的网络信息现状，在信息搜寻的过程中，我们要学会合理降低自己的心理预期；当所需要的信息一下无法准确找到时，要将原因归结为自己的信息搜索技能还不够熟练，避免因噎废食，出现严重的“信息迷航”并发症。

（2）要提高自身抗诱惑能力。在信息搜寻的过程中，要牢记搜索目标，把稳方向，面对遇到的大数据和人工智能针对自己的兴趣爱好推送的广告信息，面对“低价、暴露、色情、刺激”等极具冲击力和诱惑力的关键词时，能够自行抵制，集中注意力，始终在可控范围内进行链接与链接之间的跳转。

（3）要提高信息破茧意识。面对越来越多大数据和人工智能为自己量身定制推送

所编制的“信息茧房”，要形成主动破茧的意识，尽量多去关注忽略的信息领域，开拓新的信息源，避免故步自封，陷入信息轰炸的泥沼。

（三）强化敏感度，进一步提升信息管理意识

要强化信息偶遇状态的捕获意识。避免把娱乐和学习的网络行为进行完全分割与阻断，要有意识地强化在无明确目的的网络使用环境下，对新闻阅读、社交互动等过程中出现的低熟悉度，却又和学习生活息息相关的偶遇知识的敏感度，一旦出现，要能够及时发掘和捕获。

（2）要树立良好的信息管理意识。不论是一瞬间激发灵感的偶遇知识，还是苦苦搜寻分析后得到的专业知识，要形成良好的管理意识；树立主动掌握现阶段常用的脑图、可视化笔记、文献管理等信息管理软件（见下表）意识，习惯性地将获得的信息进行整理，确保在下次的调取和使用过程中能够迅速引用和检索。

序号	信息管理软件名称	优点
1	OneNote	微软 Office 套件中的笔记软件，排版功能强大灵活，和 Office 系列软件互通较为方便
2	印象笔记	剪藏功能强，分类、排版较弱，手机使用比较方便，适合资料的收集和归档
3	有道云笔记	笔记功能较多，如专门的语音笔记、手写输入，其他功能同印象笔记类似
4	知网研学	可以高效管理各类文献资源，支持目前全球主要学术成果文件格式，Word 写作过程中支持通过插件一键引用参考文献及学习成果
5	MarginNote	革新性整合阅读标注工具，能生成思维导图和学习卡，方便地多维度构建知识链接，提升阅读学习能力

（四）强化安全性，进一步提升信息保护意识

我们在使用社交软件分享生活点滴，或是在贴吧论坛评论事件，抑或是简单的一个点赞，都有可能会成为我们隐私暴露雪崩的最后一片雪花。因此，我们要对网络信息分享多留一个心眼。

一是要注意隐藏自己的关键信息，如在网络上留下自己 QQ 号或手机号的时候，

习惯性地加上几个空格，或者使用数字汉字混编的方式进行简单加密，避免信息单纯直白地暴露出来。

二是要尽量避免留下信息与信息之间的明显关联，如不要给自己设定一个通用的网络 ID，学会在不同的社交平台“穿上不同的马甲”，避免一个关键字搜索，导致所有信息暴露的尴尬；在朋友圈、空间等权限设置方面，一定要注意对陌生人的加密。

三是要慎重对待网络中各类权限索要行为，如手机相册权限、个人定位权限、录音功能开启权限，一旦这些权限开启，便相当于你的在网络中“裸奔”；尤其是要注意手机软件的权限分配，对于超出软件设计范围的权限索取需求提高警惕性。

二、尊重技术，提高网络信息能力

（一）多渠道合力，进一步提升网络信息知识

要用好网络信息课堂主阵地资源，认识到大学生计算机基础同时作为一门素质课的重要性，提高其优先级，不要因为其非专业课的课程属性便予以轻视。尤其是除了操作层面的技能外，对计算机基础知识、基本逻辑等理论性知识，要更为注重。

（2）要用好网络新媒体资源，如网络课程、大 V 文章分享等，用网络的跨地域、跨时空特性，扩展网络知识信息源，提升自己的网络信息知识储备，完善现有网络知识结构。

（3）要用好第二课堂的实践资源，主动接触榜样人物，参与各类信息社团，建立信息学习互助小组，参加大学生网络信息竞赛，准备大学生网络水平考试。通过学生实践活动和考试竞赛，清醒地认识到自身目前网络信息素养的水平，精准知晓自己信息素养的弱势和不足，着力进行弥补与修正。

（二）强化高阶思维，进一步提升信息搜索能力

强化高阶思维，主要是指掌握关联搜索、条件搜索、对比搜索等高阶复合搜索技能，进一步缩小信息范围，增加搜索到目标信息的效率和精确性。下面表格中列举了五类常用搜索引擎的高阶搜索方法，在百度、谷歌、360 等流行的搜索软件中均能使用。①

---

① 彭晖．掌握搜索技巧 提升学生信息获取能力 [J]. 中国教育信息化，2014(22)：50-51.

技巧名称	搜索格式	具体案例
1. 搜索指定类型文件	关键词 + 空格 +filetype+ 冒号 + 文件类型名	我们要搜索有关网络信息素养的 PPT，可以输入“网络信息素养 filetype：ppt”
2. 把搜索范围限定在特定站点中	关键词 + 空格 +site+ 冒号 + 站点名	我们要搜索新浪体育版网站内关于足球的新闻，可以输入：“NBA site：sports.sina.com.cn”
3. 把搜索范围限定在网页标题中	搜索内容 + 空格 +intitle+ 冒号 + 命令参数	我们要在标题包含 NBA 的信息中搜索林书豪，可以输入“林书豪 intitle：NBA”
4. 精确匹配搜索	“搜索内容”	如果在 Google 中输入“搜狗愿与广大用户共同打造公开、透明、干净的网络环境！”进行搜索，搜索结果会包括该句话以及包括“搜狗”“打造”等单个关键词的很多结果；如果输入搜狗愿与广大用户共同打造公开、透明、干净的网络环境进行搜索，搜索结果只有一条精确匹配的结果
5. 要求搜索结果中不含特定查询词	搜索内容 + 空格 - 不应含的查询词	找关于射雕英雄传的资料，但不需要电视剧，可以输入“射雕英雄传 – 电视剧”

（三）强化多维思考，进一步提升信息评判能力

树立正确的政治观念。大学生必须用马列主义、毛泽东思想、邓小平理论、“三个代表”、科学发展观以及习近平新时代中国特色社会主义充实自己的头脑，提高自身的认知水准，坚定社会主义信仰，树立正确的世界观、人生观和价值观；在大是大非面前做到政治立场不动摇，增强政治敏锐性，深入了解我国的发展情况，理解我国存在的现实状况；面对各种网络谣言、诋毁党和国家形象的网络信息的要坚决抵制，对于虚假、错误信息要保持头脑清醒，并且要在发现该类信息的时候，深入思考其原因，质疑其目的，进行抵制。

用知识武装头脑。大学生必须不断学习科学文化，只有掌握了丰富的知识文化，才能够有足够的思考空间，在面对可疑的网络信息时，才能够运用发散思维，去思考其本质，质疑其内涵。当前大学生要主动涉猎人文知识，学好政治理论，用先进的理论做指南，分析网络信息的价值取向、甄别网络信息的真伪与正误。大学生要加强知

识的吸收，用知识增强自身的辨别力和免疫力，提升辨别网络信息的能力。

（3）坚持用辩证唯物主义方法论看待网络信息。辩证唯物主义从物质与意识的辩证关系出发，要求人们想问题、办事情坚持一切从实际出发，主观与客观做到历史的统一。对于大学生来说，也必须坚持用辩证唯物主义思想法论来看待问题、解决问题；面对网络信息，要坚持实事求是的原则，一切从实际出发，带着质疑的态度，只有这样，才能够不断发现问题、深入思考问题，不盲从、不上当。

三、严守底线，加强网络道德意识

建立道德观念认同机制，明确善恶美丑的道德标准，将做人的基本操守上升至惩恶扬善的社会道德规约的高度；大学生要树立权利与义务对等意识，将二者自觉统一。大学生享有网络社会信息传播、交流、共享及知识产权、隐私安全等权利，同时肩负爱党爱民、服务社会、文明诚信的道德义务，积极改变自身命运的同时维护工作与休闲、网上与网下、代际的道德和谐关系。坚定信念，磨炼意志，自觉认同道德教育，捍卫原则。

（1）发挥道德情感正向作用。道德情感是基于道德认知，指引网上、网下实践行为产生的内倾性，包括情绪、态度、心理体验等。善良诚信品质影响下的道德情感对现实学习、生活有积极的催化作用。互联网追逐大众娱乐精神，排山倒海的信息带来审美视觉冲击，易干扰学生情感，使其浅表热情和道德冷漠。青年学生应注意对自身丰富情感的健康引导、有效升华。

（2）提升慎独高尚道德境界。慎独是儒家古训，是指独处时坚守至微至隐的道德准则的一种精神境界。网络世界的虚拟开放性与慎独精神契合，大学生要做到尊重知识、分辨真伪，不谣传、不欺骗，真诚友好地经营网络人际关系，注意语言礼貌，不恶意谩骂、无聊灌水；发挥他人视线之外的自我监督作用，克己自省，正确看待、及时纠正偏差，谨小慎微，实践中躬行正确的价值观和优秀的文化理念，逐步塑造品格、增强防御意识、积善成德。

第三章　大学生网络道德素养

大学生是互联网中活跃的群体之一，是互联网时代的原住民，已经成为互联网大军的主力。大学生思想开放、好奇心强，加上良好的自学能力让他们能够快速获取各种信息，但是，大学生正在世界观、人生观、价值观形成的重要阶段，对是非曲直的判断能力还不够成熟，评价标准还不够清晰。在虚拟的网络社会中，传统道德的约束能力不够强，大学生在面对纷繁复杂、良莠不齐的信息时，难免会被一些不良信息、错误价值观误导，价值取向、思维模式、政治态度、道德行为等受到不良影响，甚至少数大学生出现网络不良行为，更严重的甚至构成网络犯罪。因此，引导大学生从理论层面充分认识网络道德素养的重要性，从案例分析中深入了解网络道德，引导大学生树立正确的网络道德观念，增强大学生网络自律意识，使其积极投身网络道德秩序维护的实践就显得尤为重要。

第一节　网络道德及其特征探究

本节我们将开启对网络道德的认识过程。什么是网络道德，在网络环境下的道德呈现出哪些特点，它们与现实中的道德有哪些异同之处，当代大学生的网络道德情况是怎么样的，这些都是我们在本节中要探讨的问题。

一、网络道德概述

（一）道德的定义

“道德”是一个人们熟知的词语，在研究网络道德之前，先要明晰什么是道德，在此基础上才能更好地理解什么是网络道德，即道德在网络环境下是如何体现的。

关于道德的定义，不同的学科、不同的视角有不同的解释。在马克思主义哲学体系中，马克思用科学的世界观和方法论对道德进行了大量研究。马克思认为道德是指人们实际的道德行为和人与人之间的道德关系，是一种特殊的社会现象，且这种社会现象是由人类生活中的经济关系决定的，是以善恶为评价标准，依靠社会舆论、传统习惯和内心信念来维持的，是调整人与人之间、人与社会之间关系的一种行为规范，它体现着一定社会或阶级的行为规范和要求。[①]总而言之，道德是一种调节人与人之间以及人与社会之间关系的规范。

道德作为一种特殊的规范，有其独特的性质。

第一，道德是一种由社会经济关系决定的社会意识形态和上层建筑。道德的产生有着深刻的社会物质原因，它是由时代发展的社会经济关系决定的[②]。有什么样的社会经济关系，就会有什么样的社会道德，经济关系的变化必然会引起道德的变化。在同一社会里，社会经济关系内部发生某些变化时，道德也会随之被加入新的内容或者被赋予新的意义。马克思主义哲学中的历史唯物主义认为，社会存在决定社会意识，社会经济关系是起到决定性作用的。例如，生产资料公有制和私有制两种社会经济关系决定了道德的两种不同类型：一种是统一的社会道德，另一种是对立的阶级道德。道德在社会意识层面能动地了解和掌握未来社会的发展趋势，对人类社会发展起积极的、建设性的导向作用。

第二，道德是一种特殊的规范调节方式。道德可以从善恶的角度调整人们之间的某种关系。善与恶是用来衡量人们道德行为基本的两个属性。从马克思主义伦理学的意义上讲，在不同的历史时代背景下，不同的阶级善恶标准各不相同，究其社会根源，是由不同历史环境、各个社会的多层次利益所决定的。[③]但是，善恶存在着客观标准，需要看其行为或事件是否遵循社会发展的客观规律，是否有利于社会的发展进步，是否自觉地站在广大人民的立场上，是否有利于满足广大人民群众的利益需要。

第三，道德不具有强制性。道德是通过社会舆论、传统习俗、内心信念等手段来调节个人与个人之间、个人与社会之间的利益关系的，将善恶是非观念内化于心，从而约束自身的行为。道德规范是一种内化规范，只有当人们心悦诚服地接受，并内化为自身的情感、凝聚为意志时，才能得到遵守和实践。当代中国，道德的含义具象在

① 《伦理学》编写组．伦理学[M]．北京：高等教育出版社，2012.
② 魏胜．大学生道德建设的理论与实践[M]．重庆：西南交通大学出版社，2004.
③ 乐亮伟．当代大学生网络道德素养教育研究[D]．武汉：华中师范大学，2016.

社会主义核心价值观中是我国公民必须恪守的道德规范。大学生作为国家的储备人才，是这个时代的标签，大学生的道德建设是国家发展的重要前提。[①]

（二）网络道德的定义

随着互联网和信息技术的快速发展，我们已经大跨步地进入互联网时代，并且已经进入移动互联网时代，移动互联网技术正在潜移默化地影响着我们社会生活的方方面面。与此同时，网络道德作为一个与之伴生的事物，是道德与当今社会网络相结合的产物，越来越受到社会各界的普遍关注。

网络道德作为一种新型的伦理道德，具有不同于传统道德的内涵，在综合众多学者研究的基础上，本书采用以下定义：网络道德是人们利用互联网进行相关活动时所应遵循的原则和规范的总和，是在网络环境或网络条件下调整人与人之间、人与社会之间关系的行为规范和准则。[②]网络道德通过引导和约束人们的行为，达到保障网络正常运行的目的。

网络社会的形成和发展是网络道德产生的现实基础，网络本身的独特性会影响现实生活中道德规范的约束力。网络空间与现实社会一样，存在着调整人们之间关系的道德需求。网络社会的主体是人，因此，无论网络如何技术化、虚拟化，人们在网络中的行为依然属于现实社会行为的一部分，同样应当遵循一定的道德规范。

二、网络道德的特征及其与现实道德的关系

（一）网络道德的特征

网络道德是互联网自身不断发展的历史性产物，与信息网络的时代发展相映衬，人类社会发展需要对道德准则进行调整符合新的时代意义，于是网络道德便产生了。其内涵和外延也随着研究的不断深化而不断向前发展，在不同的社会历史发展阶段，网络道德的含义也就有所差别。但是无论从什么角度进行研究，网络道德都体现了个人道德与社会道德的有机统一。在一定条件下，网络道德从根本上来讲不是一种全新的道德观念，而是对网络个体在从事网络信息活动的道德要求、道德准则、道德规约。网络道德是个人与个人之间、个人与社会之间关系的行为准则，它是发生于社会历史背景下某种的行为规范。网络本身具有的特质使得网络道德也有别于现实世界，网络

---

① 任铮．新媒体时代大学生网络道德失范研究［D］．太原：中北大学，2020.

② 张鸿燕．网络环境与高校德育发展［M］．北京：首都师范大学出版社，2009.

道德的存在和发展拥有自身的特质。

第一，网络道德具有包容性。现代生活鼓励人们充分发挥自己的个性，重视并满足个人的多元化需求，每一个人都期盼被认可和尊重。伴随技术革新，文化信息的传播越发便捷，人们获取资讯的途径也更多，这也使得人们的文化水平和思想意识有了很大的提高，对自身所处的社会有了更高的要求。因此，网络道德作为规范网络行为的基础约束，能够在支持和保障人们多样化的道德选择以及社会多元化的道德规范和行为准则方面提供帮助。对大学生而言，因为家庭背景、生活习惯、成长环境等客观差异的存在，多元化网络道德出现的可能性也随之增加。

第二，网络道德具有自主性。在虚拟的网络世界里，面对网络社会庞大、复杂的信息，社会舆论的作用逐渐被削弱，人们受到现实社会舆论影响的强度会降低。人与人之间可以以互联网作为媒介进行交流，而且网上交流正在取代传统交流，成为主流、主导，地位也逐步上升，这个时候，网络自律就显得尤为重要了。在网络活动中，人们具有双重身份：作为参与者，能够享受网络中已经存在的资源；作为组织者，能够将自己所拥有的资源分享给其他参与者。在使用和分享资源的过程中，人们应当遵守一定的网络道德规范，以维持正常的网络秩序。网络道德就是在这样的背景下产生的，它是一种自主性的道德类型，需要网民形成较高的自律，提升自身的自觉性，自发地按照网络道德的行为规范展开网络活动。

第三，网络道德具有开放性。随着新的技术和先进的工具不断出现，互联网也由最初空间狭小的局域网络，不断发展成万维网，甚至成为连接万事万物的物联网。随着网络的覆盖面日益扩大，网络空间也进一步拓宽，整个地球已经成了“地球村”，人与人之间的距离已经不再受空间的约束，人们的生产生活、价值观念、道德取向都随之发生了深刻的改变。网络已经塑造出一个自由开放、包含多元文化的空间。各种文化汇聚到一起，不同的道德准则和规范之间相互融合，共同对人们的网络行为产生影响，最终形成了网络用户普遍遵守的网络道德准则。在网络空间的多元文化背景下，人们在遵守网络道德的同时，仍然可以遵守其现实的道德观念。总之，网络道德的多元性和开放性是网络道德的基本特征之一。

（二）网络道德与现实道德的关系

网络社会的主体是生活于其中的网民，这种生活我们通常可以理解为上网这一行为。网络道德是建立在网络科学技术基础上的，网络道德主体与现实道德主体是合为一体的。在这里，我们特别指出，网上人是一种“面具人”，尽管他与现实的人是统

一的，但是由于他们各自所处的环境不同，也就是网上和网下环境有着明显的不同，网上人与现实人在某种意义上已不再完全统一。[①] 因此，网络道德与现实道德既存在紧密联系，又具有明显区别。网络道德与现实道德之间既有的差异是产生网络道德的基础，这是我们应当给予重视的。那么网络道德与现实道德的差异究竟是怎么样的呢？

第一，网络道德根植于现实道德。通过计算机网络，人们的活动范围得到了前所未有的拓展，虚拟现实已成为真实世界之外（或者说产生于真实世界之中）人们的又一个生存场所。虚拟世界虽然是对于现实社会的超越，但它对于现实社会的影响却不是虚拟的，而是会真实地反映在现实社会中。人们借助数字化方式构造虚拟世界，恰恰是为了更好地满足现实社会的需要，这也是互联网产生的基础。虚拟世界一旦建立，就会在一定程度上影响现实社会的存在和发展。[②] 网络道德绝不可能是无源之水，无本之木，它必须以现实道德作为客观参照系来设计，不可能存在超越现实社会道德体系的网络道德。因此，网络道德归根结底仍然是以生活在现实生活中的人类的道德需求和道德向往为根本依据的。基于上述论述，我们知道，网络道德既要适应网络虚拟世界的特殊性，又不能与现实道德发生改变性质的对立，同时，网络道德在与现实道德的不断交互融合中，互相带动和促进，朝着健康的方向发展和完善。

第二，网络道德对现实道德具有积极的推进作用。网络社会是现实社会的发展和延伸，人们虚拟的网上活动与现实社会的活动在本质上是一致的，也是社会实践的一部分，因此，在网络社会中，一个人能够做的、可以做的，并不意味着是应该做的、必须做的。这就决定了现实社会道德的一般原则同样适用于网络社会，如权利义务对等原则、绝对自由与相对自由相统一原则、个人行为与社会责任相结合原则、集体主义价值理念等，都需要我们在网络社会中同样地遵守和倡导。[③] 网络道德作为用于调整、规范网络使用者的思想、言论和行为的道德准则，一旦形成之后，就会像传统道德一样，依靠人们的内心信念和自治自律来约束自己在使用网络过程中的行为。[④] 网络社会的有序性和道德水平将直接关系到现实社会的稳定和文明水平。从这个意义上说，网络社会为现实社会既有道德的实现提供了更为广阔的实践空间。这是网络社会对既有社会道德具有积极意义的一面。

---

① 刘守旗．试论网络道德 [J]. 江苏教育学院学报（社会科学版），2005(1)：35-38.

② 吕耀怀．虚拟伦理与现实的道德生活 [J]. 科学对社会的影响，2001(1)：51-55.

③ 孙春．网络时代高校“电子德育”建设初探 [J]. 青年探索， 2007(1)：49-52.

④ 漆小萍．解读网络 [M]. 广州：中山大学出版社， 2003.

第三，网络道德对现实道德具有反作用。虚拟世界的网络道德并不局限于虚拟社会，它必须通过人类主体对现实社会的道德规范产生不可小觑的影响。这一反作用具有积极和消极两个方面：一方面，如果一个上网者在上网交流的过程中进入并逐渐喜欢上一种比较讲道德和秩序的氛围，或者与他交流的网友大多是有教养、行事遵守道德规范的人，那么这个上网者也会在他们的影响下遵守道德规范，而且在回到现实世界的时候，他也同样会逐渐克服自身的某些不道德行为，变成一个遵守社会道德规范、讲究文明礼仪的人；另一方面，如果一个上网者所进入的网络环境本身就是混乱不堪甚至是丑陋肮脏的，那么这同样会像催化剂一样，把上网者在现实生活中所隐藏的恶无限放大，那么，在回到现实生活中的时候，他就会继续发展和延伸这样的不道德行为，甚至最终走上犯罪的道路，这样的事例在以往的新闻报道中并不少见。①

第四，网络道德规范的建设与现实道德相比要复杂得多。这不仅仅是由道德的本质所决定的，更重要的是由网络世界本身的特点所决定的。虚拟世界的网络道德与现实社会的既有道德之间的冲突和双重标准是导致网络道德构建复杂的重要原因。例如，在网络是否需要监管这一问题上，如果放任自流，就可能会出现许多肆无忌惮、为所欲为等行为；但如果管得太多，就可能会与网络平等、开放、自由、共享等内质相冲突，偏离网络的本质。网络道德问题不是网络自身的问题，网络道德问题的实质是上网者本身在上网过程中所发生的道德问题，是上网者本身在上网过程中所发生的道德主体的意志向度和道德选择的问题。因此，在网络社会中，人们多了一份伦理责任：不仅要遵守既有的现实社会传统道德规范，而且要创造并遵循新的占主导地位的网络道德规范。由此我们可以得出这样一个结论：上网者的网上行为的道德与否和道德水准的高低取决于上网者自身；而上网者自身的道德选择与道德自律的程度，决定着他自身网上行为的道德与否和道德水准的高低。网上道德行为是现实道德行为的延伸与拓展，网络道德问题的根源和核心在于现实道德。

网络道德是建立在现实道德基础之上的，是为现实道德服务的，起决定和支配作用的是现实道德。网络道德不过是现实道德的拓展和延伸，但网络道德对现实道德也有一定的反作用。②围绕道德问题的根源和核心在于现实道德。网络道德是一种虚拟道德，但这种虚拟的东西并非虚无，只是另外一种存在方式罢了。作为一种人类智慧的创造物，其所有构成要素都是现实的，根本无法脱离现实的世界，因此其又具有现实

① 侯波，白玉文．青少年网络道德问题略论 [J]. 中国青年政治学院学报，2004，23(5)：37-42.

② 班婕，陈震．现实与虚拟的互动——网络道德问题略论 [J]. 河北广播电视大学学报，2004，9(1)：34-35.

性。这就要求我们在探讨如何构建合理的网络道德时，既要防止借口网络社会的虚拟性特质，任由网络中某些不良的风气蔓延；又要防止忽视网络社会的特质，将现实社会的既有道德规范照搬至网络，从而影响网络的健康和可持续发展。

三、大学生网络道德素养现状

（一）大学生网络道德素养概述

科学技术的迅猛发展、思想的解放、中西方文化的交流与碰撞，开阔了大学生的视野，也迅速提高了大学生的网络道德认知水平。当代大学生，网络道德的主流形态是积极、健康、向上的。

当代大学生政治立场坚定，富有政治热情，关注国家的政治大事，有强烈的爱国热情和民族自豪感，能够自觉维护国家荣誉。他们能够通过网络渠道积极参与社会公益事项，传承乐于助人的传统美德，社会责任意识强。成长时代与互联网发展高度重合的“90后”“00后”大学生，熟练掌握了检索、娱乐、学习、社交、购物等软件，对社会热点关注度和参与度高，具备一定的独立思考能力，有强烈的参与和表达的意愿。总的来说，他们能够做到是非分明，崇尚爱国主义、集体主义、奉献精神以及优良的中华美德，能对个人和社会的网络行为进行约束。①

但是，大学生也存在一些网络道德问题。少数大学生会对自己在网络上的行为缺乏自律，甚至放任自流。例如，少数大学生缺乏团队意识、协作精神，“凡事以自我为中心”，在对社会和他人方面，有时又缺乏奉献精神。大学生的网络道德行为常常滞后于积极向上的网络道德认识，在网络道德行动层面有时缺乏具体的体现，网络道德行为和网络道德认识存在断裂和脱节现象。

（二）大学生网络道德素养问题的具体表现

在网络产生和发展的过程中，由于规范网络行为的道德规范不健全，网络道德生态内含隐忧，导致大学生网络道德素养滑坡，一些网络道德问题也层出不穷。

第一，网络侵权行为。网络侵权指在网络环境下发生的侵害他人权利的行为，从侵权内容上来看，网络侵权主要包括侵犯他人的人身权和财产权两个方面。人身权中主要包括人的姓名权、名誉权、肖像权、健康权等权利，财产权主要包括物权和知识

① 邵希砚．浅析当代大学生道德观[J]．科技信息，2012(7)：306.

产权。① 大学生群体中最常见的侵权行为就是侵犯他人的知识产权，即出现学术不端的行为。网络资源数量庞大，又能够非常便利地被大学生获取，这也让大学生产生了走捷径的想法。例如，课堂作业的答案在网上搜索，课程论文直接在网上下载拼接，剽窃他人的学术成果，等等。甚至有的大学生在使用网络学术资源时，会将他人的学术资源发布在网上，并有偿地提供阅读或下载服务。更有甚者，直接将他人的学术成果直接冠以自己的名号或者对多个来源的学术资源进行拼接组合而称之为自己的学术创新成果。这些网络学术资源的不合理使用行为侵犯了他人的知识产权，触犯了基本的学术道德，突破了作为学生的道德底线。

第二，沉迷于网络不能自拔。进入大学之后，大学生处于一个较为宽松的环境中，家长的监督和老师的督促不再像之前那么面面俱到，加之网络游戏、网络视频等娱乐方式更加容易被接触到，部分大学生因此而沉迷其中无法自拔。沉溺网络不仅会导致大学生的学业荒废、身体受到损伤，还会产生层出不穷的心理问题，影响其心理健康发展。长期依赖及沉溺于网络的大学生，可能会出现对现实环境的判断力、感受力降低，甚至丧失的情况，对学习生活的兴趣也会大幅降低。在网络环境中，大学生享受着虚拟世界带来的自由、畅快和成就感，回到现实社会，巨大的心理落差往往让他们倍感打击，焦躁不安、心理失衡等问题就会随之而来，他们就会对现实生活产生抵触、反感情绪，只能通过虚拟世界的快感来麻痹自己。久而久之，极易造成大学生人际交往障碍和人际交往冲突，影响其心理发展，情况严重的甚至会产生心理疾病。

第三，网络暴力行为泛滥。网络暴力行为主要是指施暴者在人际活动中，直接或间接地对他人使用谩骂、诋毁、蔑视等侮辱性的语言，导致对方的人格尊严、精神和心理健康遭到侵犯和损害。② 常见的网络暴力行为有使用攻击性和侮辱性的语言、传播谣言、“人肉搜索”等。网络的虚拟性和匿名性使得其成为网民情感发泄的场所，而且容易出现超出理性的泄愤行为。网络空间的情绪化放大了这一特点，如在一些社会公共事件中网民通过“人肉搜索”将事件当事人的个人信息公布于网络，或者对当事人进行人身攻击、讽刺谩骂、恶意诋毁等，发表超出正常情感表达范畴的言论。大量的信息形成了拟态环境催化民意的愤怒，而汹涌的民意又进一步促使大量信息产出与传播，在这个过程中，充斥着大量具有诽谤性、污蔑性等倾向的言论，对他人的名誉、

① 最高人民法院关于审理侵害信息网络传播权民事纠纷案件适用法律若干问题的规定(2020年修正)[EB/OL].(2022-07-26)[2022-08-01].http://sxllzy.shanxify.gov.cn/article/detail/2022/07/id/6810533.shtml.

② 宋子然，杨小平．汉语新词新语年编(2003～2005)[M].成都：四川出版集团，2006.

精神等造成损害。少数大学生将网络上未经证实或者本来就是子虚乌有的信息进行人际传播、群体传播甚至是正式组织传播，对信息当事人造成声誉损害并造成其精神上的伤害。①

第四，网络犯罪问题时有发生。在使用网络的过程中，仍然存在这样一部分大学生，他们为了寻求刺激，捏造虚假信息和言论并在网上进行传播，更有甚者，会在网络上进行诈骗、传播淫秽信息等，上述行为已经严重危害网络安全，甚至有可能构成违法犯罪。少数大学生被不法分子利用，为了自身利益利用网络窃取国家机密侵害国家利益，破坏国家安全。一些不法分子利用大学生入世不深、思想简单的特点，抓住少数大学生贪图小便宜、唯利是图的弱点，在网络空间中散布不良信息对大学生进行反社会宣传、鼓吹西方价值观念、肆意抹黑中国以达到分裂中国，破坏社会稳定的目的。境外间谍组织利用网络聊天工具、校园论坛、招聘网站等渠道，以金钱诱惑大学生利用其参与情报收集、分析和传递。高校是我国科研的重要阵地，一些学生也会参与进去，而学生在各种网络社交平台活动时可能会泄露自己的真实信息，容易被不法分子盯上。在金钱诱惑、暴力恐吓面前，少数大学生爱国信念不坚定，为自身利益舍弃国家利益掉入不法分子设计的陷阱，进而做出有损国家利益、危害国家安全的行为。②

（三）大学生网络道德素养问题的成因

面对大学生网络道德问题，我们不仅要了解大学生在网络中究竟有哪些行为，还要透过现象看本质，探究导致大学生出现网络道德问题的原因。大学生网络道德存在问题的原因是多方面的，网络本身、社会环境、学校教育、家庭教育、大学生自身等都是造成大学生网络道德问题的原因。

一是网络道德边界模糊。网络独特的匿名性、虚拟性、开放性等特点对大学生的网络道德产生了举足轻重的影响。网络世界的一大特点就是使用者可以通过代号来掩盖真实的自己，甚至不用承担自己网络行为的后果，这也使得传统的道德规范约束力在网络世界中明显下降。大学生作为网络的使用者，借助手机、电脑等工具可以随时进入网络空间，在匿名的情况下发表各种意见，与人进行交流，这就会使得他们进入一种“去个性化”的状态，容易出现个体行为与责任意识降低、自制力降低等道德行为问题。网络技术的发展促使各个国家与民族之间文化的沟通日渐深入，各种信息纷

① 张岩．新时代网络空间道德建设探讨[J]．合作经济与科技，2020(7)：178-180.

② 李明．大学生网络道德问题研究[D]．太原：山西师范大学，2017.

繁复杂、真假难辨，拜金主义、享乐主义、极端个人主义思潮以及一些境外敌对势力借助网络对大学生的思想进行侵蚀，给大学生的道德发展带来了负面影响。长此以往，由于多元文化的影响，大学生容易被不良信息影响，思想观念和价值取向多元化，出现网络道德问题。

二是网络监管不到位。网络处于虚拟空间，网络使用者多以匿名的方式进行交流，且网络信息传播速度快，这都给网络监管带来了巨大的挑战：网络监管难度大，监管体系复杂，建设监管体系的成本高。尽管我们已经意识到网络监管体系存在的缺陷，开始完善网络的相关法律法规，实施各类监管措施，但是，这种监管体系的构建仍然处于事后控制的阶段。我国网络法律体系、日常监管体系的构建速度在短时间内无法跟上网络自身发展的速度，未来一段时间内，仍然会处于逐步完善的过程中。正是由于我国欠缺一套完整的网络法规体系，现行的网络行为认定缺乏可操作性，多半过于笼统或宽泛，网络不良行为的执法矫正难以有效实施，网络道德问题在夹缝中找到了生长的土壤。当少数自我控制力不强、辨别能力较差的大学生出现网络道德问题和违法行为时，传统的法律体系有时无法有效地处理，这就使得大学生在虚拟网络空间中陷入无法则可依、无规范可循的状态。

三是学校网络道德素养教育滞后。信息开放的现代社会，互联网对高校学生产生的影响已远远超出了传统媒介所施加的影响，网络上大量的负面信息冲击着大学生的道德观、价值观，这也对高校道德教育提出了新的挑战，开辟了新的领域。但是，在现实中，现行的课程更加重视技术的传授和技能的运用，侧重于专业知识和实践技能的培养，绝大多数高校并没有开设网络意识教育、网络安全教育、网络心理健康教育等课程。《思想道德修养与法律基础》课程涉及网络道德的内容，但只是较为粗略地提及网络道德，没有进行系统的理论分析，没有讲授如何应对网络道德问题，难以引起学生情感共鸣而达到预期的教育目的与效果。[①] 总体看，高校的网络道德教育还不能满足网络环境对道德教育的需要，高校网络道德教育的针对性和有效性还明显地滞后于网络的发展，这也是导致大学生网络道德问题的一个重要原因。

四是家庭网络道德素养教育缺失。在面对网络道德问题时，家长既感到忧心忡忡，但又手足无措，绝大部分家长还是单纯依靠学校的教育力量，致使家庭与学校之间没有形成网络道德教育的合力。大多数家长接触互联网的时间较短，并不熟悉与网络相关的基础知识和操作技能，难以利用网络与子女进行沟通交流，甚至部分家长内心对

---

① 卢育强．自媒体时代大学生网络道德现状调查及对策研究 [J]. 青少年学刊， 2020(1)：44-48，60.

网络带有偏见，认为互联网成了大学生娱乐消遣的工具，常常采取粗暴的方式杜绝孩子上网，有些甚至放任自流、不闻不问。家长对网络认识的偏差而产生了家长与孩子的对立情绪，严重影响大学生网络道德素养的提升。①

五是个人网络道德意识的缺乏。大学生仍然处于身心发展时期，社会阅历浅、辨别是非能力不强、自控能力相对有限，容易受到外部因素的影响和迷惑，需要用正确的价值观对他们进行引导。大学生思维活跃，对世界充满了好奇心，容易接受新鲜事物，学习能力强，能够快速获取各类信息和资源，但是缺乏对复杂事物的辨别能力，道德意志也较为薄弱，容易受到不良信息的影响，这也为大学生产生网络道德问题埋下了隐患。网络是一个虚拟的世界，容易让大学生误以为网络为他们提供了一个时空上无限制、道德上无约束的“完全自由”的理想环境。这样部分大学生对自己的道德要求就会降低，自认为摆脱了现实社会中的各种伦理道德关系，放纵自己，忘却社会责任，在网络上为所欲为，不会考虑自己的行为是否会对他人造成伤害。

第二节　网络道德素养教育探析

案例一：共青团积极构建清朗网络空间

【案例描述】

共青团中央以弘扬网上正能量为主线，以青年网络文明志愿行动为牵引，不断开展主题鲜明的网络参与活动，推出青年喜爱的网络文化产品，引导广大团员青年将先进性和担当精神延伸到网上，争当“中国好网民”、发出“青年好声音”。团中央联合中央网信办在网站、微博、微信等各类网络空间共同发起青年网络文明志愿行动，倡导依法上网、文明上网、理性上网，引导广大青少年争当中国好网民，做清朗网络空间的共建者、共享者。

共青团中央主动适应信息化深刻变化，打造活力四射、影响广泛、触手可及的“网上共青团”。各级共青团组织主动顺应青年喜好，进驻微博、微信、抖音等青年群体广泛聚集的平台，加强对青年群体在网络上的覆盖和引领。“只要青年在的地方，无论千山万水，‘团团’都赶来见你。”被广大网友亲切称作“团团”的共青团，从2013

① 张潆方．大学生网络道德问题的原因及教育对策研究[J]．湖北函授大学学报，2018，31(18)：78-79.

年开通“@共青团中央”微博、微信，到陆续进驻知乎、B站、QQ空间、今日头条、网易云音乐，现如今，在火爆网络的抖音、快手、微视等短视频平台和各大直播平台，也出现了共青团的身影。在网络空间里，共青团以积极理性的观点、生动活泼的语言、亲切温暖的互动，代替空泛的说教、生硬的照搬，以不同的样态、不同的风格，传播同样的网络正能量。①

（1）广泛开展正面活动，积极传播网络正能量。近年来，共青团以“青年好声音”网络文化行动和青年网络文明志愿者行动为统领，持续传播正能量、弘扬主旋律。从“我的中国梦”到“青年大学习”，从“中国制造日”到“我深深爱着这个国家”，从“光盘行动”到“阳光跟帖”，全团推出了一大批精彩纷呈的主题网络活动。在清朗网络空间系列活动中，各级共青团组织全国的青年网友通过自拍留言、微视频、微倡议等形式，主动写下自己对“清朗网络空间”的期待和认识，“网络文明志愿宣言”微博话题阅读量近5000万次，近40万人直接参与讨论。微信平台上，“网络文明志愿宣言”转发量达151余万次，传播了向上向善的青春声音。

（2）结合重要时间节点，激发青年爱国热情。结合中华人民共和国成立70周年、中国人民抗日战争暨世界反法西斯战争胜利70周年等重大契机，全团开展为祖国发展繁荣和革命先烈点赞等主题活动；用好全国“两会”、“3·5”中国青年志愿者服务日和学雷锋日、清明节等重要时间节点，开展点赞“四个全面”“为雷锋精神点赞”“清明祭英烈 共筑中华魂”等主题活动，为青年网友搭建学习阵地，旗帜鲜明地弘扬雷锋精神，引导数亿人次的青少年网民缅怀先烈、铭记历史、传承精神。

（3）编创网络文创产品，打造滋养青年的网络文化。全团深入实施宣传思想产品化战略，重点打造“青微工作室”品牌，创作推出一大批导向正、质量好、人气高的网络文化产品。“青年大学习”产品体系、青年风采产品体系、共青团公开课体系、青年学党史产品体系等十大体系产品，目前已推出200多集，总浏览量达数十亿次。《跟总书记学》《中国好青年》《青春之我》《出彩90后》等视频节目广受赞誉，《今日中国，如您所愿》《拒绝冷漠，雷锋归来》《我们不一样》等网络短片看哭了无数青少年，《This is China》《TG有点甜》等青春歌曲向世界展示当代青年眼里的中国和中国共产党，受到国内外各大媒体的广泛关注。引导青年不再是长篇大论的理论灌输，而是鲜活生动的视听体验、润物无声的文化滋养。②

---

① 《中国共青团》编辑部．弘扬网上正能量　唱响青年好声音——共青团持续深入开展构建清朗网络空间工作[J]. 中国共青团，2015(5)：15-17.

② 陈凤莉．打造“网上共青团”[N]. 中国青年报，2018-06-19(1).

【案例分析】

新时期的大学生是祖国未来的建设者和后备力量，承载着希望和未来，拥有正确的网络道德观念，能够更好地适应网络时代的发展。借助网络，大学生获取信息的渠道更多，视野得到了极大开阔，网络给大学生的道德建设带来了一定的积极影响。

一是增强爱国意识，坚定政治立场。各级共青团组织站稳政治立场，主动融入青年人的社交平台，利用网络上的各种渠道，代表青年发声，用青年喜闻乐见的方式教育青年，与青年同向同行。从最初的微博、微信，到现在社交网站遍地开花，各级共青团组织在对大学生道德意识的灌输和引导方面起到了巨大的作用。通过这些途径，大学生的网络道德构建呈现出一个积极向上的状态，在涉及民族大义面前，在发生重大灾难时刻，在维护国家统一之际，大学生都愿意通过网络来表达自己维护祖国的意愿，表明自己的政治立场，表达自己的爱国热情。

二是积极投身志愿服务事业，营造团结互助氛围。网络平台信息传播速度快、覆盖面积广，通过朋友圈转发、微信群发、校园网站发帖等方式，号召更多人参与到公益事业当中，将爱心传递扩散出去。大学生还可以通过社交平台参与公益活动、志愿者服务活动，为公益事业贡献一分力量。要主动成为网络志愿者的一员，共同维护网络道德。在互联网上自觉抵制负能量。对于网上出现的违反四项基本原则、违背社会主义核心价值观、不利于民族团结等错误言论，对于“黄赌毒”等负面网络信息，坚决抵制、主动驳斥、积极举报。大学生在网上积极发出“青年好声音”，为构建清朗的网络空间而努力。

案例二：清华学姐事件

【案例描述】

2020 年 11 月 17 日，清华大学 2020 级物理系某学弟在食堂用书包（当时不确定）蹭到一名 2019 级学姐臀部，该 2019 级学姐认定该男生用书包遮挡猥亵其臀部，高声喊叫抓色狼，威胁抢夺学弟饭卡，引来很多同学围观。该学弟一再解释，并对天发誓，主动把自己的个人信息告诉学姐，请求查看监控。但大家都不信，然后该学姐打电话叫来了保安，去保卫处登记信息，查监控需要时间，然后各自离开。该学姐没有等待查看监控结果，没有确凿证据，只凭主观臆测，在朋友圈、学生群等多个社交平台公布该学弟个人信息，要求其“实名、公开、书面道歉，并通知系里和家长”。该学姐发布的朋友圈被某网友转发到树洞，随后迅速在网络上传播，直接登上热搜榜，并成为热搜第一名。

当晚，学校保卫处查看监控以后，证实是学弟的书包擦到学姐的臀部，是无意的。在通知双方看过监控以后，都无异议。随后，这名学姐一改态度，悄悄删掉相关信息，称“只是误会”，并且通过辅导员传话，表示这件事情并不是“无中生有”，而且“已经澄清，互相道歉，就此了结”。

【案例分析】

这个案例呈现出以下几个主要问题：

一是网络暴力随处可见。网络暴力是指网民在网络上的暴力行为，是社会暴力在网络上的延伸。[①]网络暴力不同于现实生活中拳脚相加、血肉相搏的暴力行为，而是借助网络的虚拟空间用语言文字对人进行伤害与诬蔑。这些恶语相向的言论、图片、视频的发表者往往是有一定规模数量的网民，对网络上发布的一些违背人类公共道德和传统价值观念以及触及人类道德底线的事件所发的言论。网络暴力的消极、极端、不理性的言论容易使生活阅历浅、辨别能力不强的大学生陷入思想误区，造成是非观念模糊，分辨不清虚拟与现实。经常接触网络的大学生，容易受这种网络环境的影响，逐渐形成无聊的看客心理和群体的冷漠情绪，变得漠不关心、麻木不仁。有的大学生由于受到网络暴力的伤害，甚至放弃了正视人生的权利。[②]

二是网络维权行为与侵权行为并存。上述事件中，学姐通过社交媒体发布相关事件，出发点是维护自身的权益。但是学姐带有冲动和厌恶的情绪，而采取了公布学弟信息，发表“社会性死亡”等不当言论，这本身就是在用侵犯他人权益的方式维护自身的权益。当保卫处通过观看监控视频，还原事件真相后，学弟经历被学姐所引领的舆论的谩骂后，“热心网友”同样用“以其人之道，还治其人之身”的方法对待学姐，甚至对学姐进行“人肉搜索”，曝光个人信息。随着事态的发展，学姐也成了网络暴力的受害者。

三是网络狂欢心理日益严重。曝光—网络暴力—反转—网络暴力，“清华学姐事件”本该在当事人双方达成共识之后就画上句号，可是随着网络上的“狂欢”日益蔓延，这件事的发展已经远远超出了预期。绝大多数所谓“愤怒网友”举着正义的“宝剑”，无论是针对女生相貌的情绪宣泄，还是肆意传播其姓名、院系以及照片等个人信息，都把女当事人“刺得千疮百孔”，而这种种行为俨然已经上升成为网络暴力。但

① 陈亚玲．网络暴力的形成、危害及对策[J].发展，2009(11)：74.

② 聂培尧，孙玫，文卉．“网络暴力”对大学生的危害及对策[J].当代教育科学，2011(21)：61-62.

是身处“狂欢大潮”中的网友，极少能够想到以暴制暴不就是另一种恶。“清华学姐事件”只是千万次“网络狂欢”的一个缩影，网络世界中无时无刻不在发生这样的大小热点话题。

我们在遇到网络暴力时，应该如何应对？

一是要保持理智，增强自我判断能力。在现今网络信息爆炸的时代，我们应时刻保持理智，提高警惕和明辨是非的能力，绝不能盲目站队，被乱如麻的信息蒙蔽双眼。在面对纷繁复杂的信息，甚至是“言之凿凿”的事件时，没有等到最终定论的一刻，都要时刻提醒自己，我们所看到的往往只是部分真相，很有可能是别人要我们看到的“真相”。面对这样的情况，要更加全面地掌握信息，更加冷静、理智地思考。

二是要保持理性，不随意进行评论。在现实生活中，对于那些习惯带着偏见，对别人各种看不惯的人，我们常常敬而远之。而到了网上，我们是否常常反思自己是否变成了喜欢站在道德的制高点上的人，是不是变成了轻易对别人指指点点的人，是否变成了经常把自己的是非观强加到别人身上却还理直气壮的人，我们常常忘记这些行为是对别人的冒犯。更可怕的是，在这些随意评价之后，我们常常错而不自知。所以，我们要为自己的言行负责，即使是在虚拟的网络世界。我们应当怀着敬畏的心理，口下留德，对自己的语言负责，不随意评价，增强个人网络修养。

三是要保持清醒，采取正确的方式维护自身权益。最高人民法院公布的《关于审理利用信息网络侵害人身权益民事纠纷案件适用法律若干问题的规定》中的第十二条规定，未经权利人同意将其身份、照片、姓名、生活细节等个人信息公布于众，影响其正常的工作、生活秩序，危害严重，还会涉嫌犯罪。我们要明确一点，他人的错误行为自有法律和道德来约束，人为地进行道德审判是不可取的。这就要求我们，不要加入网络暴力行为的大军，不要以暴制暴。其次，我们在网络上遇到问题，首先想到的不应该是通过网络夸大信息，引发舆论关注，使用舆论的压力去解决问题。这样的做法会将自己置于网络暴力的风险中，最后往往会导致维权不成，反而损害自身权益。

第三节　网络道德素养提升策略

一、大学生网络道德素养教育的必要性

网络世界因有虚拟、开放、自由等特征，导致大学生在其中放松自我要求，产生

行为问题。提升大学生网络道德素养，引导大学生主动参与维持网络世界的和谐、健康、有序，是大学生网络道德素养教育的重要任务，也是网络发展的内在要求。

（一）网络道德素养教育是社会发展的必然需求

人类已经进入网络时代，网络技术已经被广泛地应用于人类生活的各个领域，给人们的生活带来了巨大的变化，对人类生产生活方式、学习工作产生了深远影响。网络也不再只是一种工具，已经成为人类日常生活必不可少的组成部分。网络在对大学生思想道德建设发挥正面作用的同时，不可避免地产生了一些负面影响，这些负面影响日益严重，使得大学生网络道德素养建设中面临新的挑战。

首先，网络上信息丰富、内容多样，这些信息和内容的传播形式和途径已经将传统道德教育的阵地和方式甩在身后，对现有大学生道德教育形成了强烈的冲击。其次，网络的虚拟性和隐匿性，大学生在使用网络时有一种“无拘无束”的自由感，使得大学生乐于在这种广阔自由的空间里进行交流，大学生的主体意识被刺激和调动起来，从而对大学生的思想观念产生了潜移默化的影响。在网络世界中，由于时间和空间的限制更小，传统的道德在网络中对人的约束力就会下降，有的甚至会完全抛弃道德标准，为所欲为，甚至出现侵犯他人利益和隐私等违法行为。当代大学生在维护网络道德中扮演着重要角色，发挥着主力军的作用，也是最有条件接受网络道德素养教育的群体，必须加强大学生网络道德素养教育，提高他们辨别和运用网络信息的能力。时代在变化，道德要求也在演变，因此，当代大学生网络道德素养的增强是道德发展到当今阶段的客观要求。

（二）网络道德素养教育是学校落实立德树人的重要环节

“高校立身之本在于立德树人”，开展德育工作是学校的中心环节之一。进入网络时代，高校德育工作的内容和形势受到了强大的冲击，产生了巨大的变化。随着网络社会的不断发展，网络道德素养教育在德育工作中扮演的角色也会越来越重要，网络环境也将成为学校德育的重要环境之一。网络环境中的信息良莠不齐，多元价值观和社会意识形态混杂其中，冲击了学校德育的教育阵地；多元载体条件下的网络传播制造出了信息爆炸、娱乐化的热闹场景，自然而然就吸引了大学生的注意力，并对学校德育的效果产生负面影响。网络在给高校德育工作带来挑战的同时，在信息传播方式、内容形态、视听感受等方面赋予德育新的空间、新的内容、新的方法。利用网络信息传输的快捷性，我们能够将网络空间中的德育内容快速地传递给学生，进一步扩大德

育的覆盖面和影响力。利用网络德育图文并茂、音视一体等特点，可以给予大学生全新的视觉和听觉感受，改变传统道德教育中大学生被动地接受教育主体教育的单一模式，满足教育者与受教育者之间双向互动的需要。

《公民道德建设实施纲要》明确指出了网络道德建设的必要性和迫切性，强调要引导网络机构和广大网民增强网络道德意识，共同建设网络文明。中共中央、国务院《关于进一步加强和改进大学生思想政治教育的若干意见》强调要主动占领网络思想政治教育阵地，加强思想政治教育进网络工作，实施相关网络道德教育，帮助大学生树立正确的世界观、人生观和价值观，坚定对马克思主义的信仰。加强大学生网络道德教育，既有利于培养大学生高尚的网络道德，也有利于充分发挥大学生网民的人格力量在网络社会中的作用，为净化网络提供助力，有效地促进网络健康有序地发展。总而言之，在网络环境中，大学生思维方式、道德标准、价值取向以及日常生活习惯都发生了改变。适应网络时代发展的客观现实已经成为高校的必然选择，面向未来，我们应当以网络作为媒介，既要坚持传统道德教育内容，又要借助网络新媒体的特性，有针对性地对大学生进行网络道德教育。

（三）网络道德素养教育是大学生健康成长的坚实保障

大学生处于青年时期，求知欲旺盛、精力充沛，在大学里可供自主支配的时间更多，管理相对宽松，自主性更强，网络的出现刚好符合大学生的现实需求。但是，大部分大学生的认知水平和是非分辨能力还不是很成熟，自制能力较弱，尚未形成成熟的是非观，迫切需要进行系统的网络道德素养教育。大学生可以利用网络进行休闲娱乐，拓展兴趣、缓解压力。这能极大地满足大学生的心理需要，但是这些娱乐和放松一旦超出界限，就会变成沉迷网络，对大学生的身心健康不利。网络上信息纷繁复杂，其中一部分甚至是不良信息，面对网上多元价值的冲突、不同文化的碰撞，身处其中的大学生，容易受到误导而误入歧途，出现网络行为问题。

当今时代，网络的虚拟性和交互性加剧了当代大学生道德感和责任感的缺失，大学生很有可能成为不良信息的传播者，甚至主动成为不良信息的制造者。增强大学生的网络道德素养教育和正面的宣传教育不仅有利于增强大学生自身的免疫力，而且有利于正确引导大学生识别和看待不良的网络信息，增强其对不良信息的鉴别能力和抵抗能力，使其养成良好的行为习惯和塑造完善人格，促进他们身心健康发展。网络道德素养的培养把传统的道德培养延伸到课堂教学体系之外，增强了大学生对网络信息做出正确的道德评价的能力，最终有利于大学生在未来的学习、生活、工作过程中做出科学的选择，为其未来的发展提供安全保障。

二、大学生网络道德素养教育的内容

随着时代的发展，仅仅依靠外部力量来达到提升大学生网络道德素养的目标是难以实现的，究其根本，增强大学生网络自律意识是根本途径。大学生只有真正将网络道德内化于心，外化于良好的网络行为，才能真正实现网络道德自律，自愿认同网络规范，以自觉的道德意识对网上行为进行自我约束、自我保护、自我调节、自我完善。[①]提升大学生网络道德自律意识是一项系统工程，我们可以从道德认知、道德意志、道德情感、道德行为四个方面综合提升大学生网络道德素养。

（一）加强大学生网络道德认知

大学生网络道德素养培育可以从建立网络道德认知开始。对网络空间道德的认知，是形成良好道德素养的基本前提，唯有知“道”，才能行“道”。道德认知是指社会成员在一定的社会环境下对道德现象进行认识，对道德知识进行理解，并由此形成其道德认识结构的心理过程。对于外在道德现象，人们一般通过感觉以及推理来认识，而对于内心的道德现象则必须通过自我反思才能够得以认识。

道德认知的形成是建立在一定的社会环境中的，不仅受到个体已有道德知识和道德观念的影响，而且受到社会传统文化、当下社会风气、社会主流舆论等外在因素的影响。在现实生活中，少数大学生不知道网络道德规范，仍然将网络空间视为可以随心所欲、肆意妄为的地方，将现实中产生的负面情绪随意在网络空间中发泄。如果这样的群体数量逐步扩大，势必会在网络空间中形成一个善恶观念含糊不清的群体。在他们当中难以形成正确的道德判断，即便少数有正确道德判断的人进入其中，也会因为得不到其他成员的认同而对自己所认可的道德判断产生动摇。因此，我们只有将拥有正确网络道德认知的群体培育起来，形成善恶分明、判断清楚的环境，才能更好地维护网络道德。

网络道德素养教育，应当注重提高大学生道德认知的整合能力，引导大学生在面对新道德知识进入其原有道德认知结构时，能够高效地对道德新知识发挥统筹、调节、筛选、内化等作用，从而达到新的有序状态，实现大学生道德认识层面的健康、可持续发展。当道德个体的道德认知经过一定的积累和整合之后，从对道德的具体感知性

---

① 胡凯，曹挹芬．建设性后现代主义视野下的网络道德与网络心理健康[J]．思想教育研究，2014(10)：48-52.

认识上升到对道德规范的原则性认识时，他能够依照其内化的道德知识和观念对自身和他人的道德行为进行评价，这也标志着他律性道德已经转变为自律性道德。①

（二）培养大学生网络道德情感

就大学生道德发展过程而言，有明确的道德认知是基本要求，但是，网络道德素养提升如果只是停留在“知”的层面是远远不够的，还需要我们把道德规范融入情感需求系统，逐步实现个体的道德内化。因为网络与生俱来的虚拟性，所以大学生的网络道德塑造更多地要依靠自律来实现，而网络道德自律的主动性又需要通过网络道德情感的作用来体现。

道德情感是基于对现实道德关系是否符合特定道德标准所进行的判断，而产生的敬佩或鄙视、赞同或批评，是道德个体对其道德需要是否得到满足及其满足程度的内心体验，是人类情感系统的高级形态。培育网络空间道德情感，最根本的就是培育大学生对网络道德的亲近，使他们从内心接受并信任，使之能够规范自己的言行，最终实现将网络道德植根于自己心中，成为自身道德的一部分。

我们发挥道德情感的催化作用。网络内容的复杂性、网络娱乐活动的新颖性和刺激性对大学生产生了难以抵抗的诱惑，那些长期在网络娱乐活动中流连忘返的大学生，往往会在情感方面变得麻木，正义感和道德感逐渐弱化。这也导致了已有道德规范在网络中难以具体实现。这些大学生网民由于缺乏网络道德情感，没有基本的心理基础去接纳、认可网络道德规范，也就相应地弱化了提升网络道德素养的自愿度。这就要求我们注重增强大学生网络道德情感，积蓄网络道德情感能量，加深他们对网络道德意义的体验。

（三）锻造大学生网络道德意志

道德意志是人们按照社会道德规范进行道德选择、实施道德行为，并通过调节道德行为来克服困难达到道德目的的能力。道德意志是道德行为主体在履行道德责任的过程中表现出的决心。道德意志具有自觉性、强制性、长效性等特点，是一种长效的心理定式，一旦形成将会持续地发生作用。培养网络道德意志的目标是将“要我做”变为“我要做”。

在磨砺大学生道德意志的具体过程中，我们可以侧重于“省察克治”“积善”等方法的使用。“省察克治”就是通过自我反省，发现自己思想和行为中的不良倾向、坏

① 李骏．大学生网络道德问题及对策研究[D].成都：西南财经大学，2013.

念头、坏习惯，然后将这些行为问题克服和整治好。只有我们意识到我们应该做什么，我们的义务是什么，按照责任义务而进行的行为才具有道德评价性。网络空间的道德核心和根本也在于网络空间“居民”的道德意识。网络空间的生存者，同样也是人，是一个理性存在者，是一个道德主体。道德意识的存在其根本在于能克制本能的冲动。①

落到具体教育实践中，我们可以通过情境设置磨砺大学生的道德意志。根据大学生在现实情境中的态度、取向和意志水平，重点围绕意志磨砺而展开，旨在使大学生在另一相似情境中同样表现出优秀的意志品质。情境设置包含社会设置和自我设置两种实施形式。所谓道德情境的社会设置，就是教育者有意识地组织大学生进行意志培养的道德实践。道德意志磨砺情境的自我设置就是大学生自觉自愿地对自我设置挑战目标，通过对自我行为的自觉协调和评价，培养自身的道德连贯性、果断性与自制力。

（四）塑造大学生网络道德行为

网络空间道德行为虽然具有一定的虚拟性和匿名性，但是其产生的后果和现实物理世界的行为一样真实，因此也应接受同样的约束。当前，大学生的网络行为还存在一些偏差，如登录一些不健康的网站、浏览不健康的信息、发布未经证实的信息、侵犯知识产权等行为时有发生。

前文所述的网络道德认知、情感、意志，最终都要在个人的网络道德行为上体现。因此，规范网络道德的行为表现是网络道德建设的决定性环节。网络道德行为的规范是一个从自发到自律再到自觉的过程。趋利避害是人的行为的自发选择，也是道德发生的基点。人们在网上总是力求通过网络使自己在知识、信息、交际和娱乐等方面的需要得到满足，而尽量避免自身的利益受到侵害。由己及人，这就要求人们在网上不能使自己的行为忽视、妨碍和侵害他人的人格和切身利益。因此，构建网络道德体系就显得尤为重要：制定网络道德原则和网络道德规范，明确网络交往中的基本道德要求和道德规范，使青年学生在处理网络交往的各种关系时，有章可循，有规可依。同时，培养青年学生网络道德的自律行为，不仅要求其在无人监督的网络环境下“慎独”，而且要根据网络技术条件和网络道德规范洞察违背道德的行为，督促青年学生以网络道德建设的高度责任感，履行道德义务，提高网络道德行为的自觉性，养成良

① 程慕青．新时代青少年网络空间道德培育问题思考[J]．河北青年管理干部学院学报，2020，32(5)：26-31.

好的网络道德习惯。[①]

三、大学生网络道德素养教育的策略

网络时代背景下，面对巨量的网络信息冲击、形式多样的诱惑与陷阱，通过学习以及考试等形式能系统掌握道德知识的大学生，却无法在面对道德选择时做出正确的道德行为，原因就在于其缺乏道德判断力与选择力，这需要在实践中不断发展和提高。这就要求大学生发挥主观能动性，参与社会与学校开展的各类实践活动，将自己的道德观念变为实际行动。如果不进行道德实践，仅仅停留在主观意识层面，大学生就难以做到明辨是非黑白、善恶之差、荣辱之别，也就无法判断自我意识与社会要求在道德水平上的差距，无法发现自己意识形态的对错、道德知识的短板、网络道德行为的偏差。只有在道德实践中，大学生才有改造自我的内驱力，才能进行自我教育，才能主动观察与思考，从而发现问题，积极改进，适应新时代、新形势，进一步提升自己的选择能力和判断能力，更好地提高网络道德素养。[②]

一是虚拟现实的交融互通。将现实世界与网络世界的关系梳理清楚是我们合理使用网络的前提。归根结底，网络世界仍然是现实社会的一部分，网络行为仍然是现实社会行为的一部分。网络世界中的道德标准和道德底线与现实社会的道德标准和道德要求应当是一致的，无论是网上还是网下，中华民族优秀传统道德都规范着人们的思想和行为。因此，开展网络道德素养教育，必须着眼于虚拟世界与现实世界的交流、融合，必须保持二者的统一。网络世界的和谐离不开现实世界的和谐，只有加强全民的思想道德修养，建立起立足于现实世界的道德教育，网络世界才能汇聚起巨大的正能量。我们要处理好网络世界和现实世界的关系，合理利用网络资源，抵制网络的不良诱惑，充分发挥网络空间对自身健康发展的积极作用。因此，我们要加强科学健康使用网络的教育，强调个体对他人和社会所履行的道德义务和所承担的社会责任，传播社会主流价值观，引导大学生树立正确的思想观念，开展广泛的舆论监督，褒奖善言善行，对违反道德标准的行为进行严厉谴责，培养良好的网络道德风尚，激发大学生良好的道德追求，塑造有道德的网民。

二是求真辨伪意识的提升。正确地辨别网上纷繁复杂的信息需要正确理论的指导，这离不开理论学习。理论学习对大学生主观能动性的发挥具有重要的指导作用，有利于大学生树立正确的认知观，也有利于提升大学生对信息的辨别能力。大学生的辨别

① 郑楚云．互联网道德问题与应对[J].高教探索，2016(4)：95-99.

② 张巍．网络虚拟社会中大学生道德行为失范问题及教育对策研究[D].长春：东北师范大学，2017.

能力的提升主要体现为在面对复杂多样信息时，面对日益变化的网络问题时，面对焦点、热点网络事件时，是否能够用辩证的思维来分析问题，是否能够明确辨别是非、好坏、善恶。认真践行社会主义核心价值观是培养大学生对善恶行为判断能力的必要条件。社会主义核心价值观为大学生加强自身修养、锻炼优良品德指明了方向，为大学生判断善恶行为提供了价值标准。我们要通过教育引导大学生掌握社会主义核心价值观的本质，并以此为依据严格要求自己，提高辨别能力，增强自我控制力，自觉规避价值冲击。大学生群体在面对网络报道的各种热点事件时，保持头脑清晰，不随意下结论，而是通过收集信息，依据道德标准，仔细进行比较分析，从而得出正确的结论，并在和老师、同学的交流中进一步完善自己的认识，做出符合社会集体利益的网络行为，减少信息污染，优化网络环境。

三是网络行为的规范引导。道德的本质在于人类精神的自律，大学生只有形成良好的网络道德自律意识，才能时刻约束和反省自己的网络行为。作为网络使用主体的大学生，应当增强网络空间的社会责任感，积极参与到网络道德秩序的建立中，成为网络道德秩序的建设者、维护者、推动者。网络具有匿名性，这就要求大学生在发布信息时，不制造谣言，不传播来源不明的信息，不发布是非模糊的信息，时刻坚持有理有据、以理服人，杜绝情绪化地发泄、粗俗化地评论，采取辩证的方式分析问题，自觉维护天朗气清的网络环境。此外，在网络交往中，大学生要遵守道德标准，做到尊重他人的意见，特别是面对与自己想法不同的意见要理性交流，不断反思自己的网络行为，做到善则迁，有过则改，不断提升网络道德素养。此外，大学生要积极参与网络道德实践活动，不断促进道德自律的提升和形成良好的道德习惯，敢于同不道德的行为进行斗争，坚决制止和检举网络违法犯罪行为，把维护网络秩序作为一种习惯。大学生要自觉按照现实社会道德规范和准则去行事，促进网络行为的规范提升，共同营造文明和谐、谦恭有礼、健康向上的网络环境。

第四章　大学生网络安全素养

第一节　网络安全及其素养教育

一、网络安全的背景、意义和发展

（一）网络安全形势严峻

1. 网络安全的含义

网络安全的定义是在不断更新的，它涉及的领域相当广泛。360公司创始人、奇安信科技集团董事长齐向东认为，网络安全现阶段的定义应是：通过采取各种技术和管理措施，提高全社会的网络安全意识和水平，监测、防御、处置来源于网络空间的各类安全风险和威胁，保护基础网络、重要信息系统、工业控制系统等各类信息基础设施免受攻击、侵入、干扰和破坏，保护网络空间的数据安全和个人隐私信息安全，依法惩治网络违法犯罪活动，规范网络空间秩序，维护网络空间主权和国家安全、社会公共利益，保护公民、法人和其他组织的合法权益，促进经济社会信息化健康发展。①

根据《中华人民共和国网络安全法》（以下简称《网络安全法》）第七章第七十六条规定，网络安全是指通过采取必要措施，防范对网络的攻击、侵入、干扰、破坏和非法使用以及意外事故，使网络处于稳定可靠运行的状态，以及保障网络数据的完整

① 齐向东 . 漏洞 [M]. 上海：同济大学出版社，2018：190-191.

性、保密性可用性的能力。[①]网络安全包括保密性、完整性、可用性、可控性、可审查性这五个基本特征，此外，还有高风险性、难防范性、隐蔽性等新特征。[②]通常来说，信息安全涉及系统运行安全、系统信息安全、信息传播安全、信息内容安全等几方面内容。其中，系统运行安全侧重于保证系统正常运行，避免对系统存储、处理和传输的消息造成破坏和损失，避免干扰其他用户或受他人干扰；系统信息安全包括用户口令鉴别、存取权限控制、安全审计、安全问题跟踪、数据加密和计算机病毒防治等；信息传播安全是防止和控制由非法、有害的信息进行传播所产生的后果，避免公用网络上大量自由传输的信息失控；信息内容安全侧重于保护信息的保密性、真实性和完整性，避免攻击者利用系统安全漏洞进行窃听、冒充、诈骗等有损合法用户权益的行为，其本质是保护用户的利益和隐私。[③]信息内容安全是网络安全问题在大学生群体中最广泛、最常见的存在形式。

2. 网络安全的发展

网络安全与信息安全相辅相成，是信息安全的重要组成部分。信息安全的概念远远早于计算机的产生。现代信息安全特指电子信息的安全，互联网与网络安全同时产生和存在。网络安全的发展大致经历了保障信息安全、保障业务安全、保障服务安全几个阶段，即从单纯地保护信息或某种文件，到保护以互联网为基础的产业和系统甚至整个公共网络系统的安全，是一个大范围的概念。[④]

2015 年 7 月 1 日公布实施的《中华人民共和国国家安全法》(以下简称《国家安全法》)第二章第二十五条规定："国家建设网络与信息安全保障体系，提升网络与信息安全保护能力，加强网络和信息技术的创新研究和开发应用，实现网络和信息核心技术、关键基础设施和重要领域信息系统及数据的安全可控；加强网络管理，防范、制止和依法惩治网络攻击、网络入侵、网络窃密、散布违法有害信息等网络违法犯罪行为，维护国家网络空间主权、安全和发展利益。"这将网络与信息安全以法律的形式纳入了总体国家安全体系。[⑤]在 2017 年 6 月 1 日起施行的《网络安全法》正式将网

① 中华人民共和国网络安全法(2016 年 11 月 7 日第十二届全国人民代表大会常务委员会第二十四次会议通过)[EB/OL].(2016-11-07)[2022-07-09]. http://www.cac.gov.cn/2016-11/07/c_1119867116.htm.

② 王智江．网络安全法概论[M]. 西安：西北工业大学出版社，2018：9.

③ 邓国良，邓定远．网络安全与网络犯罪[M]. 北京：法律出版社，2015.

④ 同③。

⑤ 中华人民共和国国家安全法[EB/OL].(2022-04-12)[2022-07-10]. http://hubei.chinatax.gov.cn/hbsw/xxgk/zfxxgk/zdgkjbml/zcfg/zcwj/1154065.htm.

络安全的概念以条款形式列入法律体系。国家互联网信息办公室秘书局、工业和信息化部等四部门联合发布《常见类型移动互联网应用程序必要个人信息范围规定》并于2021年5月1日起施行，规定了网络支付类应用基本功能服务和必要个人信息范围，防范相关应用索取非必要个人信息，保护个人信息安全，这是网络安全法治的进一步发展。[①]

3. 网络安全形势

当今社会，互联网深刻地改变着人们的生活。互联网这一产物起源于西方国家，在很长一段时间里，西方主要发达国家掌握着互联网包括网络安全在内的核心技术。全球化环境下，互联网带来了重大机遇，提供了信息传播的新渠道，为生产生活提供了新空间，铸就了经济发展的新引擎，提供了文化发展的新载体和社会治理新平台，是合作交流的新纽带、国家主权的新疆域；互联网也带来了严峻挑战，网络渗透危害政治安全，网络攻击威胁经济安全，网络有害信息侵蚀文化安全，网络恐怖主义和违法犯罪破坏社会安全，网络空间的国际竞争方兴未艾。[②]随着我国经济社会的不断发展，尤其是21世纪以来，信息网络已进入普及化阶段，特别是新冠肺炎疫情暴发以来，政治、经济、文化、科技、社会等各领域对互联网的依赖性越来越强，与此同时，网络安全人才相对缺乏、网络安全技术尚待提升、网民的网络安全意识亟须提高等问题也日益凸显。

在2022年2月中国互联网络信息中心发布的第49次《中国互联网络发展状况统计报告》显示，截至2021年12月，我国网民规模已达10.32亿人，互联网普及率达73%，其中使用手机上网的比率高达99.7%，网络支付用户占87.6%，网络视频（含短视频）用户规模占94.5%。新冠肺炎疫情暴发以来，在线医疗用户增长显著，用户使用率占比28.9%，未成年人互联网普及率达94.9%。值得关注的是，平均22.1%的网民遭遇过个人信息泄露，16.6%的网民遭遇过网络诈骗，9.1%的网民遭遇过设备中病毒或木马，6.6%的网民遭遇过账号或密码被盗，总体有约四成网民遭遇过网络安全问题。其中，在网络诈骗类型中，以虚拟中奖信息诈骗最为严重（40.7%），其次是网络购物诈骗（35.3%）、网络兼职诈骗（28.6%）、冒充好友诈骗（25%）、钓鱼网站诈骗

① 关于印发《常见类型移动互联网应用程序必要个人信息范围规定》的通知[EB/OL].（2021-03-22）[2022-07-11]. http://www.cac.gov.cn/2021-03/22/c_1617990997054277.htm).

② 王智江．网络安全法概论[M].西安：西北工业大学出版社，2018：20-22.

（23.8%）和利用虚假招工信息诈骗（19.8%）。[1] 网民遭遇各类网络安全问题的比例及网络诈骗问题的比例如下：

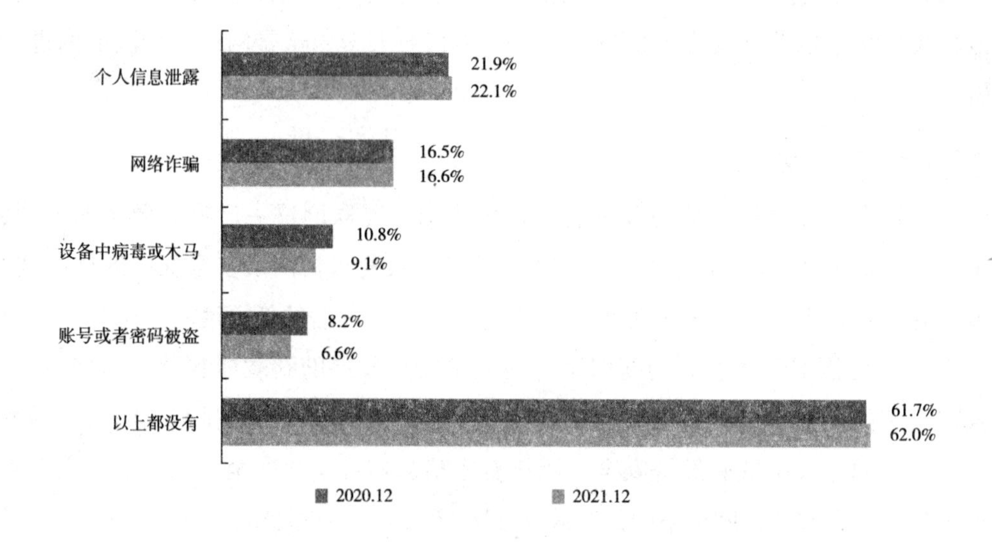

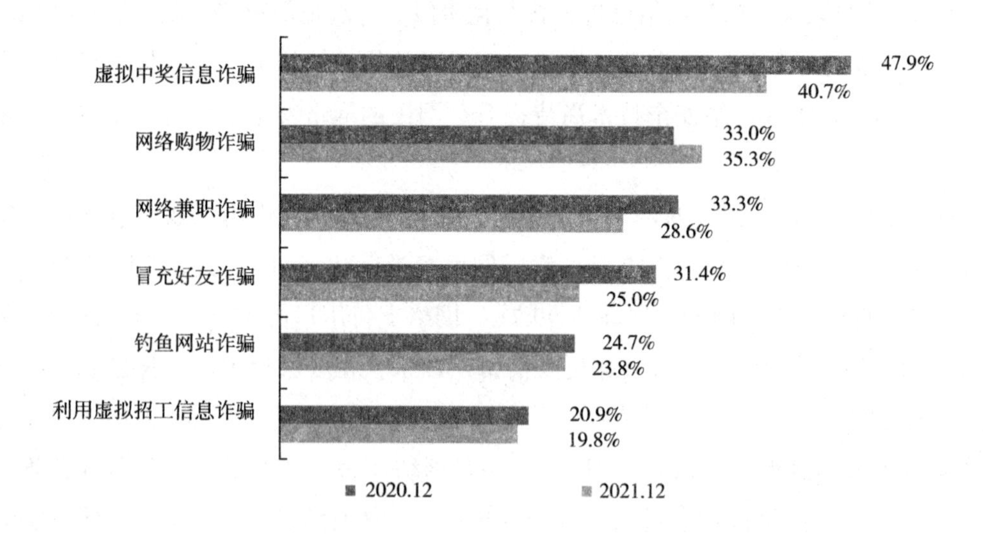

2021 年，中国电信、中国移动和中国联通总计监测发现分布式拒绝服务（DDoS）攻击 753018 起，工业和信息化部网络安全威胁和漏洞信息共享平台收集整理信息系统安全漏洞 143319 个，共接收到网络安全事件报告 88799 件，全国各级网络举报部门共

① CNNIC 发布第 49 次《中国互联网络发展状况统计报告》[EB/OL].（2022-03-08）[2022-07-11]. http：//nic.upc.edu.cn/2022/0308/c7404a363798/page.htm.

受理举报16622.4万件。[①] 相较于2020年以前，网民遭遇各类网络安全问题等比例总体呈下降态势，可见，国家对网络安全相关问题治理成效初显，但数量仍居高位，网络安全形势仍然严峻，须有针对性地持续发力。

（二）维护网络安全意义重大

1. 国际形势

当今世界，国家和区域间网络安全合作不断增强，网络空间战略和政策不断升级调整，网络冲突和攻击逐渐成为国家间对抗的主要形式，各国越发注重安全保障与攻击能力双向提升，同时不断加强对数据资源跨境传输的管控，充分体现了网络安全的重大意义。

2. 国家层面

习近平总书记在中央网络安全和信息化领导小组第一次会议中谈道："网络安全和信息化是事关国家安全和国家发展、事关广大人民群众工作生活的重大战略问题，要从国际国内大势出发，总体布局，统筹各方，创新发展，努力把我国建设成为网络强国。"网络安全事关国家安全和主权、社会稳定、民族文化的继承和发扬等重要问题，确立网络强国发展目标，对于实现中华民族伟大复兴的中国梦，在国际上树立良好的国际形象具有重要的现实意义。中国要建设网络强国，"网络空间命运共同体"是中国政府对网络社会的科学判断，也是中国政府对当今世界的庄严承诺，不仅是对国内的网络社会负责，更要同各国一同打造安全的网络世界环境，为构建和平、安全、可靠的网络发展空间做出努力。

3. 社会层面

由于经济社会对网络的依赖性不断增强，保障网络安全对于社会经济发展有着重要的实际价值，因此社会对于加大网络安全保护力度的需求极为迫切，要使全社会认识到网络安全的重要性：对于改善经济结构、保持经济社会稳定和高质量发展有着重要作用。此外，网络能够超越时空的限制，对于传播我国优秀传统文化有极大的促进作用。在社会意识层面，我国网络安全的意义要求助力抵制西方"和平演变"，坚守意识形态阵地，维护中国特色社会主义主流文化。近年来，网络安全事件频发，给大学生的生命健康、财产安全造成了威胁，给高校安全管理工作带来了极大挑战，因此

① CNNIC发布第49次《中国互联网络发展状况统计报告》[EB/OL].（2022-03-08）[2022-07-11]. http：//nic.upc.edu.cn/2022/0308/c7404a363798/page.htm.

网络安全教育也是高校安全教育的重要组成部分。①

4. 个人层面

网络联系着每个人的日常生活，从人身安全健康问题到财产安全问题、个人隐私问题，都与网络安全密切相关，②维护好网络安全就是维护自身安全。大学生整体素质较高，但不乏部分学生对网络空间缺乏正确、全面的认识，将网络空间看作一个完全虚拟的世界，对网络安全秩序未能准确把握。开展大学生网络安全教育有利于提升大学生的综合素质、完善大学生个体人格，对促进大学生全面发展有着重要作用。

（三）习近平关于网络安全的重要论述

1. 概述

党的十八大以来，以习近平同志为核心的党中央对网络安全工作高度重视。经过对国内外网络安全形势的研判，2014 年，中央网络安全和信息化领导小组成立，提出了中国特色社会主义网络安全总体战略框架，提出“总体国家安全观”的概念，并将网络与信息安全纳入国家总体安全观；习近平总书记在中央网络安全和信息化领导小组第一次会议上的讲话中提道：“没有网络安全就没有国家安全，没有信息化就没有现代化。”2015 年《国家安全法》的颁布实施，以法律形式宣布了网络主权。习近平总书记在第二届互联网大会主题演讲中呼吁构建“网络空间命运共同体”，提出了“中国方案”，贡献了“中国智慧”。2017 年《网络安全法》的颁布实施标志着中国特色社会主义网络安全总体战略体系建设再上新台阶。

习近平关于网络安全的重要论述认为，网络安全包括维护网络主权、治理网络空间、管理网络舆论、培养网络安全人才、创新网络安全技术、完善网络安全法律体系、构建网络空间命运共同体等多个方面。网络安全除泛网络物理安全和泛网络意识形态安全外，还包括网络信息安全和网络人民安全。作为被实践反复证明过的科学理论成果，习近平关于网络安全的重要论述坚持批判、继承与创造性相统一，丰富了国家安全理论，有助于建立公正合理的国际网络新秩序。

2019 年，习近平总书记在第六届互联网大会的贺信中指出，发展好、运用好、治理好互联网，让互联网更好地造福人类，是国际社会的共同责任。这是习近平关于网络安全重要论述的丰富和新发展。用好网络，最根本的在于构筑网络安全防线，让网

① 梁榕尹. 大学生网络安全意识教育研究 [D]. 桂林：广西师范大学，2017.

② 王智江. 网络安全法概论 [M]. 西安：西北工业大学出版社，2018：23-26.

络空间在法律边界内不断焕发新的活力。

2. 网络空间命运共同体

随着网络信息技术的蓬勃兴起，人类社会已进入“全球一网”时代，互联网可以联通全球，也可以搅动全球，任何国家都不能置身事外、独善其身。这就要求我们建立与时代要求相适应、与社会发展相协调的进步理念。[①]

二、网络安全素养及其教育目标

（一）网络安全素养的概念

网络安全素养，指个体积极树立网络安全意识，在掌握网络安全知识的基础上，运用科学的网络安全防护手段和网络安全法律手段，甄别、防范和解决网络安全问题，保护自身人身或财产安全、集体和社会安全甚至维护国家安全的能力。随着我国网民数量的飞速攀升，当代网络原住民呈现低龄化、高龄化双向延伸趋势，网络安全素养教育力度不足的弊端日益显现，造成的人身和财产安全问题、损害集体或国家利益的问题不断凸显。

（二）大学生网络安全素养教育目标

1. 增强大学生网络安全意识

网络安全意识是在网络空间活动中为了保障个人信息、财产安全，发现可能存在的威胁，判断其危害性并及时预防或化解威胁的能力。目前针对网络安全的相关研究结果表明，安全知识的掌握程度与安全行为习惯没有必然联系，甚至在多次实验中呈现负相关关系，因此，只有大学生真正意识到个人信息和个人财产在信息时代的脆弱性，才能够最大限度地采取措施规避这些威胁。[②] 提升大学生网络安全素养，首位要素是增强大学生的网络安全意识。

2. 树立大学生网络安全责任感

大学生网民已然是网络空间的生力军，是网络安全素养教育的重点对象，树立大学生的网络安全责任感是基础。网络安全关系到大学生个人信息隐私和财产安全，关系到当今和未来社会经济的稳定和长远发展，甚至关系到国家信息安全，因此，当代

① 刘宝堂．习近平网络安全观初探[D]. 湘潭：湖南科技大学：2018.

② 朱诗兵．网络安全意识导论[M]. 北京：电子工业出版社，2020：111-113.

大学生应当树立“网络安全，人人有责”的高度责任心，主动担当“网络红军”“网防特军”“网强新军”，主动学习、更新、践行网络安全要求，这是对当代大学生的基本素质要求。

3. 提升大学生网络安全防护能力

网络安全防护能力是关键，只有具备网络安全防护能力，才能有效抵御网络空间的各种安全威胁。“网络安全为人民，网络安全靠人民”，在网络安全防护上，最基本的要求是保护好自己的个人信息、学会设置不易破解的密码等；其次是掌握基本的网络安全常识，了解并学会识别各种社会工程学诈骗手段，安装系统防护软件，利用现有的网络安全技术保护计算机安全，不在网络空间泄露国家秘密，学会识别意识形态“和平演变”，自觉抵制与社会主义相违背的网络信息；等等。

三、大学生网络安全素养教育困境

2020 年，我国大学生网民规模达 1.77 亿人，平均每周上网时长 28 小时，平均每天上网 4 小时，[①] 是网络空间主力群体之一。相关调查显示，大学生上网的主要内容包括购物、游戏、学习、通信四大类，这都与大学生财产信息安全、个人隐私息息相关。对大学生的网络安全相关情况的调查研究发现，大学生普遍存在网络安全意识不强、网络安全知识匮乏，不能有效抵御网站诱惑，个人信息保护能力较差，网络安全防范能力、维权能力欠缺等问题。此外，还存在诸如网络安全只与网络管理员有关、网络安全可一步到位、网络威胁仅来源于外网、物理隔绝绝对安全等严重误区。[②]

（一）大学生网络安全意识淡薄

相关统计显示，仅有 20% 的大学生会“经常”有意识地了解网络安全方面的知识，28% 的大学生“偶尔”了解，42% 的大学生“很少”了解，10% 的大学生“没有”了解。[③] 这表明虽然大学生每日花费大量时间上网，但却忽视了网络安全，这是大学生易进入网络陷阱、遭受网络侵害的重要原因。

在对“未经证实的网络舆论问题”上，有 36% 的学生“不理睬”，61% 的大学生“了

---

① 网信办。CNNIC 发布第 46 次中国互联网络发展状况统计报告 [EB/OL].（2020-09-29）[2022-07-08]. http://www.gov.cn/xinwen/2020-09/29/content_5548175.htm.

② 于七龙 . 高校校园网用户网络安全素养持续培养 [J]. 网络安全技术与应用，2019(12)：111

③ 朱奎泽、鲍凡 . 当前大学生网络安全意识教育问题论述 [J]. 华北电力大学学报（社会科学版），2016(6)：131-136.

解后，但不管”，3% 的大学生选择“转载并评论”，在对“未经证实的社会敏感性问题的态度”上，大部分大学生持冷漠、围观态度，对于一些涉及原则性的问题，有相当部分学生不能明辨是非，不能肯定自己的判断，更没有专业知识作为支撑并回应。[①]这在一定程度上凸显了网络演变的隐秘性和大学生网络安全思想意识的薄弱性。

大学生具备基本网络安全常识但层次较低。调查中有 83% 的大学生收到过垃圾邮件，有 65% 的大学生受到过病毒攻击，大部分大学生对于垃圾邮件、电脑病毒的处理懂得用删除邮件、查杀病毒等方式，但仍处于较低层次的“亡羊补牢”。即使在具备基本常识的情况下，也有相当一部分大学生不能做到避免网络安全问题，如随意点击不明网站链接、扫描来历不明的二维码等。在对网络侵权行为进行调查时，有 95% 的大学生收到过垃圾信息，68% 的学生接到过骚扰电话，52% 的学生社交软件被盗过号，说明大学生自我网络信息保护能力总体不高。同时，在访谈中了解到，当大学生遭遇网络诈骗时，能够保存有力证据并向相关部门报案的仅有 37%，大部分学生会选择“下次注意”。[②]

（二）大学生网络安全法律法规教育普及度低

总体来说，理工类大学的网络安全教育多于师范类和语言类院校，理工类大学有 47% 的学生接受过较为系统的网络安全教育，这与学校自身专业背景和教学环境相关。有关调查显示，作为受到高等教育的群体，只有约 4.5% 的学生对网络安全法律法规“非常清楚”，而“一般”和“很差”的比例竟高达 77.7%。[③]另有调查表明，只有极少数学生能够运用网络安全相关法律武器来维护自己的合法权益，部分学生对于网络安全相关法律法规的了解仅来源于计算机课程。[④]笔者查阅了几所高校所使用的《大学计算机基础》教材，并未找到网络安全法规相关专题，仅有部分任课教师上课时提及过相关内容，说明大学生网络安全法律意识教育存在一定程度的缺失。

（三）大学生网络安全防范技能训练不足

在高校开展网络安全教育的形式以开设讲座为主，以体验式（实践）进行大学生网络安全教育的极少，原因是讲座覆盖面较广而且具有强制性，但学生反映，参与讲

① 金艳 . 大学生网络安全观教育研究 [D]. 长沙：湖南师范大学，2017.

② 同上。

③ 同①。

④ 梁榕尹 . 大学生网络安全意识教育研究 [D]. 桂林：广西师范大学，2017.

座的意愿并不强，说明大学生网络安全教育的形式有待转变。① 当前我国大学生网络安全防范技能训练处于相对被动的态势，全国高校学生遭遇网络诈骗案例频发，造成了巨大的经济损失和精神损失，甚至有学生通过网络贩卖同学个人信息、国家秘密信息，造成了不良社会影响。这些情况反向推动了高校针对大学生进行网络安全教育。但事实上，当前我国大部分高校只能通过讲座、班会或是入学教育中的一个小点来宣传网络安全教育，并没有系统的网络安全技能训练课程，导致学生在真实情景中屡屡“中招”，不知所措。大学生网络安全防范措施不到位、信息鉴定能力不足、网络参与意识强烈、娱乐化倾向明显等特点突出。②

（四）大学生网络安全教育活动实效性不高

“‘网络安全’是程序员的事情”这个刻板印象让许多大学生对其产生了错误认识，绝大多数学生从小学到大学都没有接受过正规的、系统的网络安全教育，在计算机等级考试中，对于“网络安全”模块的知识也十分精简，这也是网络安全被忽视的重要原因。而未受过网络安全相关教育的个体在大学时期问题突出，他们有了一定的可以支配的资金，但是在对于网络安全知识和技能储备不足，十分容易成为诈骗的对象。高校对此也略显无奈，各式各样的宣传齐出，从社交软件线上宣传，到线下讲座、班会，再到纸质版的《网络安全指南》，宣传方式可谓无孔不入，但效果并不显著。有的高校以视频宣传、知识竞赛等方式进行安全教育，相对有所创新，但在实际情况中往往还是事与愿违，这与网络安全教育相关的专业队伍缺乏、网络安全教育内容更新速度较慢、师生对网络安全教育不够重视有关。③当前我国高校网络安全教育的管理体系、评价体系、监督体系不健全，网络安全教育内容缺乏系统性、共情性、创新性，家庭、学校、社会未形成合力，等等，④ 都是造成当前我国高校大学生网络安全教育活动实效性不高的重要原因。

---

① 朱诗兵．网络安全意识导论 [M]. 北京：电子工业出版社，2020：4-5.

② 赵旭华．基于上网行为大数据的大学生网络安全素养提升研究 [J]. 网络空间安全，2020，11(7)：141-144.

③ 宋巧巧．大学生网络安全观教育研究 [D]. 重庆：重庆邮电大学，2018.

④ 陈慧铭．大学生网络安全教育存在的问题及对策研究 [D]. 武汉：华中师范大学，2019.

第二节　网络安全素养教育探析

案例一：个人信息泄露与网络贷款诈骗案例

【案例描述】

2020 年 5 月，李明（化名）接到一个陌生来电，对方能准确说出其姓名、身份证号、学籍等信息，声称他在“××普惠”金融平台曾经注册过一个账户，后台显示已经超过半年没有使用了，如果不使用就要及时注销，否则会影响个人征信。李明非常疑惑，自己从来没有在什么网贷平台上注册过账号，对方表示可能是被其他人冒用身份注册的账号，如果不及时注销将会造成严重后果。李明开始半信半疑，随即加了电话中“工作人员”提供的 QQ 客服。他发现这个“工作人员”QQ 空间的动态都是银监会等发出的政策文件宣传、《个人征信的重要性》等推文链接，逐渐打消了疑虑。“工作人员”给李明发送了一个二维码，让他扫描后下载“××普惠”App，随后进入下一步操作。虽然手机有“该应用非应用市场合法应用，安装需谨慎”的提醒字样，但在“工作人员”催促下，李明没有思考太多，并全部允许应用获取了“图片”“通讯录”“位置”“文件”“声音”等权限。这个“××普惠”App 的界面看起来和正常的官方 App 非常相似，李明信以为真。接着“工作人员”拨通了 QQ 电话，对方表示因操作过程比较复杂，需要全程指导，并寻找一个较为安静的操作环境，如果操作失误将造成严重后果，QQ 电话不会影响网络畅通，可以快速完成。

根据“工作人员”指引，先激活账户，再进行注销操作。李明在指定页面输入了自己的个人信息、银行卡账户信息，在“用户须知”方框内打钩并提交，此时生成了一个 3 万元的贷款合同，李明进行了电子签名确认，对方称这笔贷款是用来激活账户用的，放款后返还即完成激活。此时，“工作人员”说后台显示李明输入的银行卡号有误，款项已放出，但未能成功打入李明的个人卡号上，已被冻结，且合同中说明了因为用户个人失误而导致的损失，“××普惠”平台有权向用户追责。李明开始慌张起来，“工作人员”乘势给李明提出了让其先将合同贷款数额（3 万元）汇到“安全账户”上，否则公司将会在 1 小时内触发警报，催收组将会给李明通讯录中的亲友打电话催款；24 小时后，如李明账户未到账成功，则放款的 3 万元款项会退回公司，同时可以将“安全账户”中的资金扣取1%保管费后退回，也就是退回29700元；如果此时中止合同，那么将要付1万元的违约金，另外还要承担公司已放款的损失责任。李明来不及思考，认为这样相当于自己只交了300元保管费，就当为自己“填错”银行账号“买单”。于是将自己平时兼职攒下的2万元，另加在其他平台贷款的1万元一同汇至“安全账户”。转账成功后，“工作人员”借以“网络不好”中断通话，并将李明拉黑。

李明这才意识到自己遭遇了电信诈骗，报警求助。

【案例分析】

这是一起利用网络作为犯罪工具进行的诈骗案件。网络信息时代，个人信息被泄露的情况时有发生，如果缺乏安全意识，犯罪分子极易获取公民的个人信息，利用相应信息快速获取目标对象的信任，进而实施诈骗、敲诈等违法犯罪行为。李明对于网络犯罪分子的鉴别力不强，忽视了网络空间隐匿性的特征。对方极易伪造身份来骗取目标对象的信任。李明仅凭借对方报出的信息和QQ空间中的宣传推文就放松了警惕，一步步走进对方布下的圈套。“工作人员”设计了一个听起来“煞有介事”的情境，以QQ电话的方式，要求李明寻找安静的环境，避开干扰，以便于实施诈骗。李明逐渐上套之后，法律意识薄弱的他，被“操作过程中不能出现错误”“银行卡号输入有误”“已签字确认的合同”等情境接连施压，在短时间内贷款筹集资金转入犯罪分子设立的“安全账户”，最终上当受骗。

利用社会工程学攻击骗取财物是大学生遭遇过的最常见的网络安全问题形式，对大学生造成的伤害和损失也是最直接的。利用网络工具开展诈骗成本低、“回报率”高、易隐匿且破案相对困难，在校大学生社会经验不足，但具备了相对独立的管理、使用资金的能力，因此成为犯罪分子的首要目标，当前形势迫切要求大学生提高网络安全素养。

案例二：运用电子证据成功起诉重庆公务员贪污获刑[①]

【案例描述】

2009年，重庆市合川区公务员邓某利用职务之便，贪污失业保险金10万余元，但重庆市合川区检察院在调查时，却发现邓某电脑内能证明其犯罪的大量数据都被删改。关键时刻，该院检察技术专家出手进行数据恢复。结果，在完整的电子证据面前，邓

① 重庆公务员贪污保险金，检察院运用电子证据成功起诉[EB/OL].（2021-03-31）[2022-07-09]. https：//max.book118.com/html/2021/0328/8067002066003066.htm.

某被迫供述了自己的罪行。

邓某，大专学历，2006 年被合川区某局录用为公务员，主要负责失业职工档案管理、失业职工失业保险金的申报和发放等工作。看到现在社会上有车有房的富翁越来越多，而自己工作几年了，却还买不起房、结不了婚，心理开始不平衡。他思来想去，为了尽快致富过上“好日子”，决定铤而走险，利用职务之便搞点钱来用。2009 年 4 月，邓某利用负责发放失业职工失业保险金的职务之便，在失业保险金发放表中凭空增加了 1.2 万余元，然后在给银行的账户发放的表电子文档中虚增失业职工王凯（化名）等人的账户，以套取失业保险金据为己有。

邓某供称，他第一次作案时很胆怯，生怕被发现。然而，侥幸逃过的他开始频频出手。从 2009 年 5 月至 10 月，邓某利用职务之便，先后 4 次通过伪造失业保险金人员名单的方式，套取失业保险金 8.8 万余元，然后在给银行的账户发放的表电子文档中，虚增 4 名失业职工账户，并将这些失业金领出，全部用于个人消费。

2009 年 11 月，合川区检察院职侦部门开始立案调查邓某。在侦查初期，检察官在搜集证据时，遭遇了种种技术问题。邓某自恃长期从事电子会计工作，熟悉电脑知识及会计软件运用，深谙财务细节及监管盲点，对犯罪行为避重就轻，拒不供述真实作案过程。邓某的工作多为电脑操作，但其工作电脑曾为多个人共用，存放于电脑上经加密的失业保险金发放表电子文档已被删改。而邓某在银行的取款监控资料也被最近的监控记录循环覆盖改写。此外，若没有邓某的交代，由于纸质失业保险表中每月人员多、变动大，要查清楚邓某虚造的失业保险金人员名单以及具体发放账户，犹如大海捞针一般。经过专业取证、数据恢复、数据分析等方式，邓某个人电脑硬盘和 U 盘中的财务数据被成功恢复。检方还提取、固定了邓某在银行取款的监控录像资料。为保证过程的真实性和证明力，检察干警在数据提取过程中还进行了全程同步录音录像，保证取证过程的客观真实。通过电子证据技术，合川区检察院成功找回了邓某历次骗取失业保险金的原始表单，获取了其在银行取款的视听证据资料、银行凭证。

该案起诉后，在法庭审理时，公诉人凭借电子证据辅证，使所有的证据形成了一个完整的证据链。面对强有力的证据，邓某不得不低下了头。最终，法庭采纳了公诉人的指控，并以贪污罪依法判处其有期徒刑 8 年。

【案例分析】

这是一起利用网络进行贪污贿赂的典型刑事案件，也是一起依托检察技术优势，运用电子证据技术，协助相关部门侦破案件的成功案例。承办检察官表示，电子证据技术，就是对在利用电子载体进行违法犯罪活动中的各种证据进行收集、固定、审查和确认。它包括涉案计算机现场勘查、搜查与扣押、网络监控、邮件监控、技术鉴定等多种技术活动。

根据我国法律规定，目前证据种类主要有物证、书证，证人证言，被害人陈述，犯罪嫌疑人、被告人供述和辩解，鉴定结论，勘验、检查笔录，视听资料等七大类。对于电子证据尚没有明确的法律定位，由于电子证据有容易被伪造、篡改等实际情况，很难独立作为证据来使用，故在司法实践中，电子证据常常以间接证据的身份出现，需要同其他证据结合起来证明案件事实。同时，电子证据仍需满足客观性、关联性和合法性，才能作为认定事实的依据。

关于电子证据，尤其是我们常用的微信聊天记录，在满足条件的情况下，也是可以作为证据使用的。《最高人民法院关于民事诉讼证据的若干规定》第十五条规定，当事人以电子数据作为证据的，应当提供原件。① 微信聊天记录作为证据时，要能够证实聊天者的真实身份，聊天内容要真实、完整并与案件有关联，不能删除内容或篡改，如提供截图、照片等（复印件），必须有相应原件核查，最好有其他证据印证聊天内容的真实性。

第三节　网络安全素养提升策略

一、网络安全问题的准确识别

网络安全问题一般由网络安全风险发展而来，网络安全风险被利用而受到网络攻击或社会工程学攻击形成网络安全问题。

（一）网络安全风险

网络安全风险可以从内部和外部两个角度来考虑。外部因素一般称为威胁，内部因素一般称为脆弱性。

1. 威胁

威胁类型日新月异，必须及时识别并妥善解决，其主要包括以下几个方面：

① 最高人民法院关于民事诉讼证据的若干规定[EB/OL].（2019-12-26）[2022-07-10].http：//www.npc.gov.cn/npc/c30834/201912/9bce4fdad6734765b316f06279aba6b8.shtml.

（1）应用系统和软件安全漏洞。在程序员界流传着一句俗语："这个世界绝对不存在没有漏洞的软件或系统。"因此这些软件、系统被开发出来后，不可避免地会有漏洞或"后门"的存在，因而需要程序员对系统进行不断维护和升级，更新补丁。

（2）安全策略配置不当也会造成安全漏洞。如果防火墙的配置不正确，不但不起作用，还会带来很多隐患，许多站点在防火墙配置上无意识地扩大了权限，很可能会被滥用。

（3）"后门"和木马程序。"后门"是指软、硬件制作者为了进行非授权访问而在程序中故意设置的访问密码，会对处于网络中的计算机构成潜在的严重威胁。木马程序是指潜伏在计算机中，可受外部用户控制以窃取本机信息或者控制权的程序，会造成占用系统资源、降低计算机效能、危害本机信息安全（盗取账号等）、将本机作为工具来攻击其他设备等严重后果。

（4）病毒及恶意网站陷阱。病毒是编制者在计算机程序中插入的破坏计算机功能或数据、影响硬件正常运行并且能够自我复制的一组计算机指令或程序代码。恶意网站中往往有很多木马病毒或恶意软件等，通过用户浏览、点击链接而使其进入陷阱。

（5）黑客。黑客指的是一群利用自己的技术专长专门攻击网站的计算机而不暴露自己身份的计算机用户，他们通常掌握了有关操作系统的编程语言和高级知识，对于网络用户危害性很大。

（6）用户安全意识淡薄。目前大多数人将网络作为娱乐、工作、学习的工具，对网络安全的认识和意识淡薄，对网络空间不安全的认识严重不足。

（7）用户或工作人员的不良行为。用户误操作、资源滥用和和恶意行为也有可能对网络安全造成巨大威胁。各单位的局域网（如校园网）如果管理制度不严，也极易引发网络安全问题。

2. 脆弱性

脆弱性是计算机及其系统自身固有局限造成的、使得计算机可能被利用的缺点。主要有以下几个方面：

（1）操作系统和计算机系统本身的脆弱性。没有哪个操作系统是完美的，操作系统在体系结构上存在着固有的不足，主要体现为动态链接、创建进程、空密码和远程过程调用、超级用户等方面的缺陷。计算机系统的软硬件故障都有可能影响系统正常运行，如电源、CPU、驱动器等硬件故障或应用软件、驱动程序等软件故障。

（2）电磁泄漏。计算机网络中的网络端口、传输线路和各种处理机都可能因为屏蔽不严或未屏蔽而造成电磁信息辐射，从而造成信息泄露。

（3）数据可访问性。进入系统的用户可以方便地复制系统数据而不留任何痕迹；网络用户在一定条件下，可以访问系统中的所有数据，并可将其复制、删除或破坏。

（4）通信系统和通信协议的弱点。网络系统的通信线路面对各种威胁显得非常脆弱，通信协议 TCP/IP 及 FTP、E-mail、NFS、WWW 等网络及应用协议都存在安全漏洞。

（5）数据库系统和网络储存介质的脆弱性。数据库管理系统对数据的管理是建立在分级管理的概念之上的，黑客通过探访工具可强行登录或越权使用数据库数据，浏览器 / 服务器（B/S）结构中的某些网络应用程序缺陷也会威胁数据库安全。此外，各种储存器（如 U 盘、移动硬盘、内存卡等）极容易被盗或损坏，造成信息丢失，储存器中的信息也容易被复制且不留痕迹。①

（二）网络攻击

缺陷是天生的，漏洞是不可避免的，因此网络被攻击是必然事件。② 网络攻击指利用网络和系统存在的漏洞和安全缺陷，使用各种技术手段和工具，对网络和系统的软硬件及其中的数据进行破坏、窃取等行为，一般具备确定目标、获取控制权、权限升级与保持、实施攻击和消除痕迹这几个步骤。网络攻击的方法一般有密码猜解（包括字典攻击、暴力破解、网络监听）、特洛伊木马（通过电子邮件、软件下载、访问网站等方式）、拒绝服务攻击、漏洞攻击、网络钓鱼、社会工程攻击、后门攻击和高级持续攻击等。可将网络攻击根据不同方式分类。

1. 根据攻击的效果分类

根据攻击的效果，网络攻击可分为两种：一种是主动攻击，包括篡改、伪造、拒绝服务，如修改文件中的某个数据、替换某一程序使其执行不同功能、在网络中插入伪造的信息、对系统的可用性进行攻击（DOS）等。另一种是被动攻击，包括窃听、流量分析等，往往是主动攻击的前奏，如分析电磁信号并恢复原数据信号从而获得网络信息、分析通信双方的位置、身份、通信频次等敏感信息。

2. 根据攻击的技术特点分类

根据攻击的技术特点分类，网络攻击可分为基于网络协议的攻击和基于系统安全漏洞的攻击，包括针对数据链路层、网络层、传输层和应用层的网络协议攻击，如

① 朱诗兵 . 网络安全意识导论 [M]. 北京：电子工业出版社，2020：27-30.

② 齐向东 . 漏洞 [M]. 上海：同济大学出版社，2018：2.

DNS 欺骗和窃取、IE 漏洞攻击等。

3. 根据攻击的位置分类

根据攻击的位置，网络攻击可分为远程攻击、本地攻击和伪远程攻击三类。远程攻击指外部攻击者通过各种手段，从该子网以外的地方发动攻击；本地攻击指本组织的内部用户通过所在局域网向本组织其他系统发起的攻击，在本级上进行非法访问；伪远程攻击指内部用户为了掩盖攻击者的身份，从本地获取目标必要信息后，从远程发起攻击，造成外部入侵的表象。①

（三）社会工程学攻击

社会工程学攻击指利用人们的心理弱点、本能反应、好奇心、信任、贪婪等，骗取用户信任，获取机密信息等不公开资料，为后续攻击等其他操作创造有利条件，网络安全技术发展到一定程度后，决定性因素逐渐从技术问题转向了人和管理的问题。②网络信息安全防范分为物防、技防、人防三个层次，如果人防不到位，则会是最大的安全漏洞。

1. 常见社会工程学攻击方式

社会工程学攻击是大学生最常遭遇的网络攻击方式，包括信息搜集、网络钓鱼、密码心理学三种方式。

信息搜集，指攻击者通过各种手段获取个人、机构、组织、公司的相关信息，有可能是敏感信息或不敏感信息。例如，利用搜索引擎搜集目标用户的微博、QQ、微信等，利用踩点调查观察搜集目标对象的在校信息、同学、辅导员、家庭关系等情况，利用钓鱼网站引诱目标对象填写个人重要信息和资料等。

网络钓鱼，主要是利用人们的信息实施欺骗式攻击，通过欺骗性的电子邮件，或伪造的网站实施攻击活动，如发送声称是中国银行、中国工商银行、韵达快递或其他知名机构的欺骗性邮件或短信，意图收信人点击链接进入伪网站填写个人敏感信息，利用人们易取信于“可信身份”的心理弱点进行攻击，常见的钓鱼攻击工具包括虚假邮件、虚假网站、即时通信工具、黑客木马、系统漏洞、通信设备、带有诱惑性的资源、附件等。

密码心理学也是一种常见的攻击方式，指从用户心理入手，分析用户心理从而

① 朱诗兵．网络安全意识导论[M]. 北京：电子工业出版社，2020.

② 同上。

快速破解密码，获得用户信息。很多人习惯于用自己熟悉的单词或数字来设置密码，因为这样便于记忆，但这也恰恰是密码易于被破解的重要线索。有调查显示，用自己名字的中文拼音作为密码的人最多，其次是常见的英文单词、计算机系统常见的单词、自己的出生日期等，还有使用简单数字组合、顺序字符组合、邻近字符组合、特殊含义组合等设置的密码，如 zhangsan、happy、980324、88888888、123abc、654321qwerty、mnbvcx 等，上述密码极易被破解。

2. 社会工程学常见攻击手法

假冒身份、假冒技术支持是一种基于虚拟信任，获得目标对象的信任、好感或同情，甚至树立权威的一种常用手法。例如，建立名为"第 14 届团委活动通知群"的群，伪装成学校团委或其他部门教师来树立权威，在群内通过发活动通知收集学生个人信息，或私聊学生发送不明链接，达到将目标对象引入陷阱的目的。

引诱也是高频惯用手法之一。通过给用户发送中奖、免费赠送等内容的信息，诱惑用户进入页面下载安装程序，然后填写个人信息进行注册，从而将目标对象引入陷阱。

说服是对信息安全危害较大的一种社会工程学攻击方法，即目标内部人员与攻击者达成某种一致，为攻击者提供各种便利条件。例如，利用班干部、学生干部等职务的特殊性，说服其将同学的个人信息贩卖，并从中获取利益。

恐吓是利用人们对木马、病毒、漏洞、黑客、个人信息和隐私的敏感性，危言耸听，要挟目标对象按照攻击者的要求做，否则就会造成严重后果。例如，通过植入木马病毒等到目标对象的设备中获取用户的个人照片，通过图像合成技术合成不雅照片或视频，企图威胁目标对象"花钱消灾"等。还有通过恭维、环境渗透、调虎离山、通过相似特征（如同乡、同学等）博取好感、通过互惠原理骗取好处、通过社会认同或从众心理和权威来施加影响等。利用社会工程学手法的攻击者常常精通心理学、人际关系学、行为学等知识与技能，以各种花招使目标对象上当受骗。

此外，网络中还有使用技术手段进行欺骗的社会工程学攻击：地址欺骗（包括域名、IP 地址、链接文字、Unicode 编码欺骗）、邮件欺骗、消息欺骗（QQ、微信等）、软件欺骗、窗口欺骗和其他欺骗。例如，将 http://www.l0086.cn 或 http://www.loo86.cn 与 http://www.10086.cn 混淆、将图片或文字做成不易察觉的超链接、邮件中包含木马程序、消息中包含木马文件、安装包含木马病毒的应用软件、访问来历不明的弹窗等。

二、网络安全政策法规的普及

在我国，网络空间安全法规与政策为其他网络要素和网络空间安全保障体系提供了必要的环境保障和支撑，是我国网络空间安全保障体系的顶层设计。目前我国信息化立法尚处于起步和积极推进阶段。目前我国网络安全法律体系分为以《中华人民共和国宪法》（以下简称《宪法》）、《中华人民共和国刑法》（以下简称《刑法》）为代表的法律层次和行政法规、部门规章层次。

（一）信息保护相关法律

1. 保守国家秘密相关法律

国家秘密是指关于国家安全和利益，依照法定程序确定，在一定时间内只限一定范围的人员知悉的事项。基本范围主要包括产生于政治、国防、军事、外交、经济、科技和政法等领域的相关事项。以国家秘密事项与国家安全和利益的关联程序，以及泄露后可能造成的损害程度为标准，国家秘密事项分为绝密、机密、秘密三个密级。国家秘密的保密期限，除另有规定外，绝密级不超过 30 年，机密级不超过 20 年，秘密级不超过 10 年，对不能确定保密期限的国家秘密，应当确定解密条件。

国家秘密受法律保护。我国对国家秘密进行保护、对危害国家秘密安全的行为明令禁止和进行处罚的法律包括《中华人民共和国保守国家秘密法》《刑法》；此外，《国家安全法》《中华人民共和国军事设施保护法》《中华人民共和国统计法》《中华人民共和国专利法》等法律也都有相应条款明确规定了泄露国家秘密的犯罪行为的法律责任。

2. 保护商业秘密相关法律

商业秘密是不为公众所知悉、能为权利人带来经济利益、具有实用性并经权利人采取保密措施的技术信息和经营信息。侵犯商业秘密主要有三种情形：一是以盗窃、利诱、胁迫或者其他不正当手段获取权利人的商业秘密；二是披露、使用或者允许他人使用上述手段获取权利人的商业秘密；三是违反约定或者违反权利人有关保守商业秘密的要求，披露、使用或者允许他人使用所掌握的商业秘密。在《刑法》《中华人民共和国民法典》以下简称《民法典》《中华人民共和国劳动法》《中华人民共和国反不正当竞争法》等有关法律均有保护商业秘密的条款规定。

3. 保护个人信息相关法律

《民法典》规定，个人信息是指以电子或者其他方式记录的能够单独或者与其他信息结合识别特定自然人的各种信息，包括自然人的姓名、出生日期、身份证件号码、生物识别信息、住址、电话号码、电子邮箱、健康信息、行踪信息等。隐私是自然人的私人生活安宁和不愿为他人知晓的私密空间、私密活动、私密信息。[①]也有学者认为，个人信息在大数据 时代下，根据不同的主体、不同情境下应当有不同的范围界定。[②]

《宪法》《民法典》《中华人民共和国居民身份证法》《中华人民共和国护照法》《中华人民共和国责任侵权法》《中华人民共和国刑事诉讼法》《中华人民共和国民事诉讼法》等相关法律均有对个人信息和隐私进行保护的条款。针对个人信息泄漏问题，《网络安全法》规定：网络服务、产品具有收集用户信息功能的，其提供者应当向用户明示并取得同意；网络运营者不得泄露、篡改、损毁其收集的个人信息；个人发现网络运营者违法收集、使用其个人信息的，发现网络运营者收集、储存其个人信息的，有权要求网络运营者删除或更正；任何组织和个人不得窃取或以其他非法方式获取个人信息，不得非法出售或者非法向他人提供个人信息。《网络安全法》同时规定了相应的法律责任。目前，我国“被遗忘权”尚未法定化。[③]虽我国尚未通过个人信息保护的专门法案，但网络安全法律研究界十分积极地推动个人信息保护的立法。[④]

（二）打击网络犯罪相关法律

网络违法犯罪行为是指以计算机网络为违法犯罪工具或者为违法犯罪对象而实施的危害网络空间的行为，违反国家规定，直接危害网络安全及网络正常秩序的各种违法犯罪行为，包括破坏互联网运行安全的行为，破坏国家安全和社会安全稳定的行为，破坏社会主义市场经济秩序和社会管理秩序的行为，侵犯个人、法人和其他组织的人身、财产等合法权利的行为，利用互联网实施除以上四类行为以外的违法犯罪行为。《刑法》《中华人民共和国治安管理处罚法》《网络安全法》等法律均有相关责任规定。

针对网络诈骗多发态势，《网络安全法》规定：任何组织和个人不得设立用于实施诈骗，传授犯罪方法，制作或销售违禁物品、管制物品等违法犯罪活动的网站、通信群组，不得利用网络发布涉及实施诈骗、制作或者销售违禁物品、管制物品以及其他违法犯罪活动的信息，同时规定了相应的法律责任。

---

① 中华人民共和国民法典[M].北京：中国法制出版社，2020(6)：301-302.

② 梅夏英，刘明．大数据时代下的个人信息范围界定[M].北京：法律出版社，2016(9)：48-79.

③ 丁宇翔．互联网上，你有“被遗忘”的权利吗？[EB/OL].（2020-01-11）[2022-07-10].https：//baijiahao.baidu.com/s?id=1655387078530832110&wfr=spider&for=pc.

④ 《网络安全法》立法研究及草案起草（14@ZH013）课题组起草《个人信息保护法》（草案）[M].北京：法律出版社，2016(9)：515-522.

（三）网络空间安全管理相关法律

除上述法律外，在维护公共安全方面还有《中华人民共和国警察法》，在规范电子签名方面有《中华人民共和国电子签名法》等。此外，《网络安全法》在关键信息基础设施的运行安全、建立网络安全监测预警与应急处置制度等方面都做出了明确规定。

（四）其他网络安全行政法规

在我国的行政法规中，涉及网络安全的有《中华人民共和国计算机信息系统安全保护条例》《中华人民共和国计算机信息网络国际联网管理暂行规定》《商用密码管理条例》《中华人民共和国电信条例》《互联网信息服务管理办法》《互联网上网服务营业场所管理条例》《信息网络传播权保护条例》等。①

三、网络安全防范技术的学习

"网络安全为人民，网络安全靠人民"是我国国家网络安全宣传周的主题标语，网络安全应当发动全体人民共治。要建设网络强国，就必须进一步凸显网络安全的战略地位，制定网络空间安全保障策略，完善网络安全建设领导机制、长效机制，加大核心技术研发和人才队伍培养，深化国际合作，抓紧完善相关法律法规，着力提升全体网民的网络安全素养。

（一）网络安全技术防范

网络安全技术是专业领域技术性较强的一系列操作技术，如生物认证技术（包括生物认证技术、非生物认证技术、多因素认证技术等）、访问控制技术、入侵检测技术、监控审计技术、蜜罐技术等网络安全技术。网络安全管理技术是指网络管理员通过网络管理程序对网络上的资源进行集中化管理的操作技术，包括日常运维巡检、漏洞扫描、应用代码审核、系统安全加固、等级安全测评、安全监督检查、应急响应处置和安全配置管理几个方面。②在防范网络攻击上，应做到有效使用各类安全技术、提升安全意识和加强管理、强化溯源取证和打击能力。此外，还要掌握一定数据备份的知识，如定期进行磁带备份、数据库备份、网络数据备份、远程镜像、完全备份、差异备份、增量备份等方式。

如今的网络安全技术也在不断发展，网络安全一直在保护的大数据也能为网络安

① 朱诗兵．网络安全意识导论 [M]．北京：电子工业出版社，2020：241-247.

② 朱诗兵．网络安全意识导论 [M]．北京：电子工业出版社，2020：31-42.

全的发展方向提供风向标。例如，几年前，手机骚扰电话和垃圾短信的接收频次远远高于现在，如今手机上的垃圾短信很大一部分可以自动过滤，骚扰电话也会在手机上被提醒，都是大数据分析的结果，因此，在日常手机使用中，随手标记垃圾信息、标记骚扰电话都是在为网络的风清气正贡献力量。此外，高校、社会组织应当重视网络安全相关师资队伍的建设，建立科学的知识和培训体系，逐步落实全面、系统的网络安全教育。

（二）网络安全社会工程学防范

防范社会工程学攻击并非像确保硬件安全那么简单，因为没有任何防火墙可以安装到人的身上以保障安全。归根到底，就是要提升计算机用户的网络安全素养，这应当是一个合格的网民应当具备的一项基本的重要的素养。

1.宏观层面的防范

基于社会工程学攻击的特点，对网络中“人”这个要素的安全素养培训十分重要，而网络安全素养首要的是培养网络安全意识，应当通过各种形式的培训来提高人们的网络安全意识和基本网络安全技术水平，国家、社会或学校应当制定具体详细的提高网民网络安全素养的计划，把握网络安全教育的时间点、时序和时机，注重网络安全教育时效，[①]可以以讲座、模拟实战演练、角色扮演、开发网络安全意识技能测评系统、网络安全知识竞赛等方式来对网民进行网络安全培训。其次是在安全审核上，包括身份审核、操作流程审核、安全列表审核以及建立完善的安全响应措施。另外还要注重个人的隐私保护。社会工程学中的核心就是获取信息尤其是个人信息，入侵者掌握了大量的用户信息，可大大提高入侵成功的概率，各网络公司应当担当好保护用户个人信息的职责，在收集、使用公民信息时遵循“合法、正当、必要”的原则，避免用户信息泄露。

2.个人层面的防范

作为新时代的网络原住民，守好网络领地是我们的职责所在。过去人们对网络攻击更注重技术上的防范，近年来，越来越多的案例表明，“人”也是网络安全中极其薄弱的环节，作为当代大学生，必须有网络安全的责任担当，主动学习网络安全相关知识和技术，提高自己的网络安全素养；及时更新软件，减少被侵入的概率；充分学习

---

① 方兵．时间理论视域中大学生网络安全素养教育培育研究[J].山西高等学校社会科学学报，2019(9)：60-63.

和认识社会工程人员意图获取信息的价值，谈“钱”色变，保持理性思维和怀疑之心，提高警惕，熟谙社会工程学攻击套路，学会识别和了解这些攻击，学会判断可能遭遇诈骗的迹象，从各种案例中汲取经验吸取教训；不随意丢弃带有个人敏感信息的物品，如快递盒、发票、存取款凭证等，应当将个人信息完全销毁再丢弃。此外，积极收集证据向有关部门报告以丰富相关案例集也是凸显网民社会责任的重要标志。具体常用方法有以下几个方面。

（1）不要轻信陌生来电

网络信息时代，个人信息被泄露的情况时有发生，个人信息有可能是在运用网络时不慎被违法犯罪分子利用，也有可能是网络平台用户信息被泄露，或者是数据“拖库”“撞库”，甚至有可能被同学或在校人员泄露或贩卖，导致违法犯罪分子能够轻易获取诈骗所需信息。来电的对方能准确说出目标对象的个人信息，不代表是以合法方式取得，不能够作为轻信对方的理由。

（2）正确维权如自己的个人信息被他人冒用，应通过正规途径进行举报、维权。2017 年，中国银监会、教育部、人力资源社会保障部三部门发布的《关于进一步加强校园贷规范管理工作的通知》（银监发〔2017〕26 号）明确规定，现阶段，一律暂停网贷机构开展在校大学生网贷业务，逐步消化存量业务。① 如确认个人信息被他人非法冒用进行贷款，可以向公安机关报案，维护自身合法权益。

（3）QQ 联系陷阱多

目前注册 QQ 账号不需要实名验证，且 QQ 常常遭遇盗号。据调查，在校大学生发生的网络诈骗案件，大部分都是通过 QQ 聊天实施诈骗的。其中，QQ 聊天时，发送语音消息和 QQ 电话等方式，更便于犯罪分子对目标对象进行社会工程学引导，减少目标对象的思考时间和与其他人进行沟通的机会。而当 QQ 被盗号时，则犯罪分子更倾向于使用文字进行沟通，有利于维持“熟人”身份，因而 QQ 昵称尽量不要使用平常亲友间的独特称呼，否则很可能给犯罪分子获取目标对象的信任提供便利。

（4）不明链接不乱点，手机提醒要重视

来历不明的链接、二维码，如果是木马程序、恶意钓鱼网站，点击（扫描）之后，可能会使手机被植入木马程序，从而让犯罪分子非法获取个人信息。在安装不明程序之前，如果手机提示“该应用有风险”，应及时中止安装，从正规应用商店下载经过

① 中国银监会、教育部、人力资源社会保障部关于进一步加强校园贷规范管理工作的通知（银监发〔2017〕26 号）[EB/OL].（2017-06-28）[2022-07-11].(http://www.gov.cn/xinwen/2017-06/28/content_5206540.htm.

核验的应用程序，同时，在对应用的权限设置上，应当遵循“非必要不授权”的原则。诚然，即使是经过核验的应用程序，也有可能申请获取不必要的敏感权限，因此来历不明的应用更应拒绝安装。

（5）“用户须知”必须知

在使用电子设备安装应用程序的过程中，直接钩选“用户须知”“我阅读（同意）用户须知”已经成为一种习惯动作，真正点开看条款的少之又少。作为大学生网络用户，必须树立网络安全的法律意识，在注册和安装应用程序时，仔细阅读条款，选用“自定义安装”，去除不必要的绑定插件，做网络空间的主人。

（6）电子签名有法律效力，不要随便签字

电子签名是指数据电文中以电子形式所含、所附用于识别签名人身份并表明签名人认可其中内容的数据。① 任何涉及需要进行电子签名的地方，都必须仔细阅读相关条款，一旦签下即可能生成法律效力，应当履行合同条款中的合法权利、义务，因此必须仔细阅读、慎重考虑。

（7）社会工程学套路多，保持冷静第一位

网络诈骗大多利用社会工程学原理，利用人性的弱点进行的诈骗，因此遇到此类问题，首要的是要保持冷静，切勿因为对方的威胁、催促、恭维等丧失基本的判断力，否则极易陷入犯罪分子布下的陷阱。

（8）“安全账户”很危险

“安全账户”是网络诈骗案件中的高频词，无论是什么机构、组织，需要把款项汇到“安全账户”的，尤其是以个人名义开立的账户，极有可能是诈骗，应当时刻紧绷防骗之弦。

（9）常见的网络诈骗套路

网上刷单（网上兼职、购物充值返利等）、网上投资理财、网贷以各种名义预收费用（包装费、手续费、流水费等）、网上购物后“客服”打电话说要退款的、领导或亲友 QQ 微信上需要汇款、家长群里发交“资料费”二维码或老师跟家长借钱、非官方或伪官方网站购买游戏装备或游戏币、通过 QQ 微信等拉人入群后发送投资赌博等链接、冒充公检法要求将钱款转入安全账户等，都是犯罪分子常用的网络诈骗套路，务必擦亮双眼。

随着经济社会的不断发展，互联网已经逐渐全方位、深层次地融入人们的生活。

① 中华人民共和国电子签名法[EB/OL].（2015-07-03）[2022-07-12]. http：//www.npc.gov.cn/wxzl/gongbao/2015-07/03/content_1942836.htm.

网络这把“双刃剑”的发展带来的安全问题也会让我们不断遇到新的挑战，传统的犯罪手段套上了互联网的外衣，危害面和危害程度会以几何级的速度增长，但破解案件将会更加困难。因此，习近平总书记提出了“没有网络安全就没有国家安全”。作为新时代的大学生，我们在用好网络工具的同时，一定要提高网络安全意识，学习网络安全防护技能，熟悉网络安全相关法律法规，建立起牢固的网络安全屏障，主动识别各种网络安全问题，提高处理网络安全问题的能力，有意识地收集网络违法犯罪行为证据，学会用网络安全相关法律法规保护自身合法权益。

第五章　大学生网络舆论素养

第一节　网络舆论素养及其产生

一、网络舆论概述

（一）网络舆论的概念认知

舆论是在一定社会范围内，消除个人意见差异、反映社会知觉的多数人对社会问题形成的共同意见。[①]新时代移动互联网迅猛发展，微信、微博等新媒体强势崛起，网民不仅是舆论的接收者，更是舆论的生产者，网民的主体性空前释放，为舆论的产生和传播创造了优越条件。网络舆论是互联网技术发展的产物，是社会公众对某一社会热点问题通过网络发表自己的看法，对某些公共事务或者焦点问题所表现出意见的总和。[②]新时代大学生是伴随着互联网成长的一代，是网络舆论的主要参与者，受特定身份和舆论环境影响呈现出差异化的特征。

（二）网络舆论与网络舆情

网络舆论是社会舆论的重要组成部分，它的主体不局限于群众，还包括社会媒体和政府机构等。传统社会舆论主体发表看法时，会避免触及个人或与个人相关群体的利益，这在一定程度上缓和了舆论冲突，而网络的虚拟性使网络成为舆论的发酵地和反应场。“舆情”一词在中国古代就已存在，但它作为一个具有特殊意义的现代政治概

---

① 刘建明，纪忠慧，王莉丽．舆论学概论［M］．北京：中国传媒大学出版社，2009：23.

② 张再兴．网络思想政治教育研究［M］．北京：经济科学出版社，2009：271.

念是 2004 年才被提出来的。中共十六届四中全会通过的《中共中央关于加强党的执政能力建设的决定》正式提出了“加强舆情管理”。“社会舆情是指社会舆论反映的社会公众具有普遍性的情况”[①]“舆情是民众在认知、情感和意志基础上，对社会客观情况以及国家决策产生的主观社会政治态度”[②]“网络舆情实质是社会情绪在互联网上的公共表达”[③]。

（三）网络舆论的形成因素

网络舆论包含三个关键因素，即网络舆论的主体、客体和本体。网络舆论的主体是指网络舆论表达的全体参与者。网络舆论客体是指直接引发网络舆论的事件、现象或问题。网络舆论本体是指网络舆论呈现出来的意见文本。在传统的新闻传播学、政治学、管理学、情报学等学科视野下，网络舆论研究最为关注的是在网络平台出现和存在的网民意见文本，即网络舆论本体。下面进行具体介绍。

一是质疑思维。 面对社会上出现的敏感事件，如极端的侵权事件，如 2016 年 5 月 7 日的雷洋案，还有 2016 年八达岭老虎咬人事件等事件都具有十分敏感的性质。再者就是突发的公共事件，尤其是突发性公共卫生事件，如 2020 年元月爆发的新冠疫情，涉及每个人的健康和生命安全，所以人们在观察这些事务时，更容易激发其质疑思维，容易被放大、被强化，甚至容易形成质疑一切的思维定式，正是这种执拗的质疑思维，使得一些涉及法律、道德、公共安全、社会正义、政治腐败、公共权力监督等类事件的真相浮出水面，如雷洋案、呼格吉勒图案、雷政富事件、我爸是李刚事件、天价大虾事件等。保持怀疑的心态和思维是公民应该具备的基本素质，但是，如果过于偏执，一味地怀疑一切，再加之虚假信息、谣言、谎言的误导、煽动，网民的情绪就会出现急剧膨胀，很有可能成为负面舆论的推波助澜者。

网民所以会有这种质疑思维，除人类思维的本性外，也与中国特殊的社会环境密切相关。改革开放以来，中国人逐渐富起来了，但是人们之间的诚信与经济发展水平并不相匹配，中国的“社会资本”是严重缺乏的，人们之间的戒备心理加重了他们的怀疑心态。加之，自媒体时代信息源的多元化、政府相关部门发布信息不及时，甚至有个别部门故意隐瞒事情真相、发布虚假信息等，在社会转型期，社会成员对公共权力的权威性也缺少一定程度的认同，这些很可能与日常社会生活中，地方政府及相关

① 赵绪生．构建和谐社会 发挥社会舆情的社会化整合作用 [J]. 新东方，2006(2)： 7.

② 张克生．国家决策： 机制与舆情 [M]. 天津：天津社会科学出版社，2004： 17.

③ 周蔚华，徐发波．网络舆情概论 [M]. 北京：中国人民大学出版社，2016： 9.

部门社会管理过程中一些事情处理不当所造成的影响有关。

二是情绪化心态。网络时代，每个人的周围都充斥着海量信息，信息的来源是多元化的，那些敏感信息和危机事件信息动辄有数百万转发量和关注，仔细辨析，发现并不是理性的关注和转发，而是情绪化的宣泄和共鸣。一个突发事件更能使有同感的网民有设身处地之感，容易使他们对社会中的“弱势群体”产生同情心，愿意予以声援和帮助，对强势者尤其是公共权力容易产生出情绪性的逆反心理。网民之间的情绪感染更能激发起网民的群体性力量。在情绪化的社会氛围内，一方面，有人不断地制造谣言；另一方面，那些不明真相或者是借机炒作的网友对发动者的信息进行点评、猜测，于是便有更多网友围观，形成一种虚假认同，持反对意见者在强大的认同观念面前也只好保持沉默，因此这些被曲解的信息也就变成了网络谣言。从某种意义上说，“身份决定立场”也是中国特有的网络逻辑，是容易导致情绪化的内在因素，网民情绪会在一定程度上折射出社会的现实状况。[①]

三是群体极化[②]。在中国的互联网舆论空间内，群体极化现象表现十分明显。网络舆论的草根化、大众化，使得网民的认识水平参差不齐，往往是那些带有偏执、蛊惑性质的信息和评论才更容易被网友认同，而那些反映事实真相、客观评价的网络意见更容易遭到“炮轰”。所以网民的情绪化特征十分明显，多数网民可以做到“一点就着”，这样就更加助推了群极化效果，群体感染性强。网民常常表现为非理性、攻击性的心态。尤其是当网络事件与自身利益相契合时，群体极化现象就更加突出了。

四是网民的阶层诉求。新网络载体的传播模式“所有人对所有人”深刻地改变了传统上受众只是被动接收的局面。过去的草根受众现在变成了网络舆论的主体力量。因此，不同的社会地位、不同的利益群体在网络上也能清晰地表现出网民利益的多元化以及网络诉求的多元化特征。网民的利益诉求大体上可以概括为：发泄性诉求情感诉求、利益诉求、参与诉求。发泄性诉求是最低层次诉求，它并不指向事件本身，而是因身份差异积累的感情不平的发泄，事件本身只是他们的一个发泄口。由于长期全能政府模式的影响，只要出现公共问题，人们首先就会将发泄口对准政府，网民骂得最多的往往就是政府，其实这种现象很可能就是社会焦虑的一种反映。一般而言利益诉求中有要求被尊重的期待，在网络事件中，一般而言网民会情不自禁地站在弱势群体的一方，希望强势的一方做出姿态，给予明确的道歉或者说明。利益诉求一般是指

---

① 王洪波.把准脉　开好方　舆情危机研判与应对[M].北京：新华出版社，2017：85。

② 群体极化是指团体成员原有某些认识偏向，商议后人们便更加向这一方向移动，从而最终形成一种极化观点。

政府部门帮助解决网络的实际问题。参与诉求显然是实现公民权利的要求，也有监督或评判公共权力机构的意味。

（四）网络舆论的传播规律

网络媒体的兴起改变了社会舆论的结构，传统媒体的舆论领导权正在面临着网络新媒体的冲击和挑战。每个用户、每个公民都可以在网络上实践言论自由权、舆论表达权，而且这种权利还会伴随着网络技术的发展得到进一步强化。网络舆论的传播规律如下。

一是基于社会互动与信息共享的生产模式。社交媒体是允许用户通过共同生产、发布和共享信息实现彼此连接、交流和交互的平台，它的两大核心功能是社会互动与信息共享。以微博和微信为例，其在功能设置与反馈交互机制上的差异，使得作为即时信息传播媒介的微博更侧重于信息共享，而作为即时通信媒介的微信则偏于社会互动。对微博而言，博主通过发布信息和系统推荐吸引陌生人关注，博文形式的多样性为信息发布提供了多种可能，140 字的篇幅限制加快了信息的生产与分享，长微博与图片评论完善了信息发布，等等，这些共同致力于用户自主便捷地生产分享信息。对微信而言，用户只能转发微信公众账号、在线网站、社交应用等创建的链接，对于其他用户单独生产的文字或者图片则只能采用复制粘贴的方式实现转发。这种信息共享上的限制主要是避免因传播公共信息而干扰社交互动的用户体验，因为微信的核心功能是通过一对一对话、群组交流或是朋友圈来保持密切的社会互动进而维护用户间的紧密关系。从这一角度讲，微博“你方唱罢，我登台”的“戏台子”属性使其成为网络舆论的源头与孵化器。微信的相对封闭与私密属性使其成为群体意见形成与强化的催化剂。从当前的网络舆论格局看，舆论的形成经历了从微博到微信再到微博的循环往复，“两微”已成为网络舆论的第一落脚点和主要信息来源。

二是基于“意见气候”与从众心理的感应范式。社交媒体的出现与发展至少在两个方面深刻地变革了舆论生态环境：第一，大众传播在舆论形成中的强大威力被削弱，人际传播在形成“意见气候”上扮演越来越重要的角色；受众由松散无力的线下组合体转变为彼此相互连接且密切互动的网络社群。在这一过程中，“沉默的螺旋”理论的核心机制，即对“意见气候”的感知、对社会孤立的恐惧及由此形成的从众心理依然存在并相对强化。

首先，个人主体性彰显。个体不再选择沉默不语，而是勇于表达个性主张。同时为了满足说服他人的需要，个体开始密切关注和思考意见提示。基于此，需持续性地调整头脑中的预设观点和信息判断基模。其次，人的社会属性使得其对意见环境的感知成为一种自觉行为。在范围相对较小而又依托人际传播充分互动的基础上，无论是否为陌生人，彼此之间都能够形成相对牢固的利益关联和清晰印象，虚拟空间与现实世界边界的消融导致网络的“匿名性”带来的隐蔽性和安全感弱化，囿于“面子”“尴尬”“失礼”“孤独”等心理，人们不得不根据意见提示感知推断主流意见。最后，从众心理加速形成群体合意。在目前的舆论场中，依然存在着情绪化倾向、情感性逻辑，身份归属和情感共鸣始终具有强大的影响力，加之恐惧孤独的心理、“三低”的网民属性等，从众心理能够迅速聚合观点并可能走向偏激。

三是基于网络社群与主流媒体的内外联动。舆论的形成源于对公共事物的热议和私人领域的窥视，个人或媒体传播的相关议题引发网民最初的意见表达。当个体需要在未明的情境中形成意见或做出决策时，他们转向并依赖他人（依赖性成员更多地向活跃成员和拥有权力的成员看齐），我们将此称作群体的“社会现实”功能。此外，不同个体就他们共同遭遇的特定问题进行互动，逐渐发展出针对这一问题的集体方法，并因此创造出一种共同的意见、态度或者行为。

随后网络舆论不断向外扩散至更大的社群和官方主流媒体。主流媒体依靠规范的采编流程、特有的新闻采访权以及权威的信息来源等，能够对新闻事件进行更全面系统的呈现，为舆论走向和事件应对处理提供信息参考，这种影响力是网络媒体无可企及的。同时，通过选择性报道强化某种观点、基于详细缜密的调查分析破除谣言或发布新信息以消除人们的随机不确定性等方法引导群体、个体走向更加理性的思考，此后舆论逐渐进入平静期。需要说明的是，针对不同的议题，舆论的形成有时会超过一个或更多的环节，或经历多次内外联动的过程。

二、网络舆论素养的性质

网络舆论素养是指人们在面对不同媒体中各种信息时所表现出的信息的选择能力、质疑能力、理解能力、评估能力、创造和生产能力以及思辨的反应能力。[①] 网络舆论素养应该包括三个层面的内涵：第一个层面是个人能够意识到媒介对信息获得的重要性，可以合理地分配和选择使用媒介的时间；第二个层面是掌握具体的、批判性的媒介使用能力，学会分析和质疑传媒的架构和信息；第三个层面是能够深入传媒表层框架，

① Potter W J . Argument for the Need for a Cognitive Theory of Media Literature [J]. American Behavioral Scientist, 2004 (48)： 266 - 272.

进一步挖掘媒介信息被生产出来的原因，并利用媒介服务于自身发展。①

（一）网络舆论素养的双面性

互联网基础资源加速建设，数字应用基础服务日益丰富，社会各领域与网络融合的范围和深度扩大了具备网络素养的群体范围，使网民网络素养从发展阶段的显性要求转变为当前时期的隐性要求。截至 2021 年 6 月，我国手机网民规模达 10.07 亿人，网民中使用手机上网的比例达到 99.6%。②10 亿用户接入互联网，形成了全球最为庞大、生机勃勃的数字社会，逐年增长的手机网民规模体现出网民用网的便利化程度，间接地与网民网络素养的形成发生关系。“舆论多元化、观点有分野”是当今网络信息社会的写照。在互联网“冲浪”时，网民可以接触到各式各样繁杂的信息，大量鱼龙混杂的信息容易让人陷入混乱，失去自己的理性判断和思考，用网便利化程度越高，网民越有可能产生新的网络素养需求。

（二）网络舆论素养的社会性

网络娱乐内容总体生态良好，这对公民网络素养提出了更加符合社会主流的、积极而又鲜明的倾向性态度要求。网络娱乐主要有网络音乐、网络文学、网络游戏、网络视频、网络直播等。2019 年上半年，网络音乐商业模式更加健康成熟；网络文学模式更加多元，题材更加多样；网络游戏在产品创新、市场拓展和社会影响方面都取得了较好的成果；网络视频的产品内容进一步细化；网络直播各平台在“直播 +”模式下，各项业务也得到了一定发展。整体上看，随着网络监管力度的加强，网络娱乐内容整体生态积极健康。但也有部分网络内容态度模糊、倾向不明确，这在对内容发布者提出要求的同时，也要求网民在娱乐化网络内容面前提高辨别能力，辨别出娱乐内容中误导性价值观念、不符合未成年人观看的信息等内容，特别是面对态度模糊、观点混淆的娱乐内容，要明确表达出符合社会主流价值观念的积极态度。也就是说，网民一方面要在自身知识积累的基础上具备辨识网络娱乐内容性质属性的能力；另一方面，在相对公开的网络平台上，要明确地表达出自己的态度与观点。相比而言，前者取决于网民自身的知识与经验，而后者则取决于网民是否以及在多大程度上具备现代

① 生奇志，展成 . 大学生媒介素养现状调查及媒介素养教育策略［J］. 东北大学学报（社会科学版），2009，11（1）： 22 - 26.

② 中国互联网络信息中心 . 第 48 次中国互联网络发展状况统计报告 [EB/OL].（2021-08-27）[2022-07-12].http：//www.100ec.cn/home/detail--6599998.html.

网民的身份特质，代表着网民网络素养向社会公共利益回归的本质性要求。

（三）网络舆论素养的必要性

网络安全问题总体态势向好，但识别和应对难度增加。2019 年上半年，在上网过程中未遭遇过任何网络安全问题的网民比例进一步提升。这表明，网民应对个人信息和各类网络诈骗（如中奖信息、冒充好友、钓鱼网站等网络诈骗形式）的能力有所提升。与此同时，我国境内被篡改网站数量、被植入后门网站数量、信息系统安全漏洞数量都相对较多，这些高技术难度、高隐秘程度的网络安全隐患问题依然存在。这要求在网民网络素养培育中，不仅要在基础技术层面上具备基本的应用能力，而且要掌握较为系统的网络安全技术知识，具备一定的技术操作能力，拥有宏观的网络安全意识，能从国家整体角度出发去应对和反思网络安全问题。从当前情况来看，这一要求仅针对国家安全和网络安全的工作人员，但随着全球化形势下各个国家之间的竞争越来越激烈，这将成为对社会公众普遍的网络素养要求。

三、新时代大学生网络舆论素养的审视

网络交往行为是分析大学生网络素养现状的逻辑起点，通过现实可感的网络交往活动，大学生展示出自身所具有的网络素养。不同性质的网络交往活动体现着大学生不同的网络交往行为，而大学生在网络交往中对不同事件展现出的情感态度、行为特征，间接体现了大学生的网络素养，从整体上反映出大学生网络素养的现实状态。

（一）大学生网络舆论素养的现状与分析

一是大学生网民具有特殊性。第一，大学生网民对于信息接收度高。高校大学生作为青年群体思想活跃，接受过高等教育，知识水平较高，具备迅速接收、处理信息的能力。第二，大学生网民主体同质化程度高。大学生作为网络舆论主体因年龄相仿、受教育程度相当、身心发展程度相近而相似度较强，相比于受教育程度和知识水平参差不齐的网民，对某一社会热点问题更易形成相近看法的群体效应，使得高校网络舆论迅速波及整个校园。第三，大学生因接受了高等教育，语言表达更具有逻辑性，在舆论传播方面更为网络化和个性化，他们以各类群体易接受的语言进行网络热点的传播，网络语言更容易被各类群体接受。

二是网络舆论环境具有复杂性。第一，不良舆论内容冲击着高校思想政治教育的话语权。话语权之争实则是意识形态之争，大学生具有强烈的探索欲和求知欲，但思

想尚未成熟，缺乏鉴别能力，在复杂的网络舆论环境之中混杂着良莠不齐的言论，极易消解大学生对思想政治教育的认同度。第二，多元价值观念冲击着高校思想政治教育的权威性。网络充分拓展了高校舆论空间，形色各异的价值观念也相互交织、隐藏其中，形成复杂的网络舆论环境。随着西方资本主义国家意识形态的传入，我国主流意识形态受到挑战，网络舆论环境格局遭受冲击。

三是网络舆论传播过程具有可控性。大学生接受新鲜事物能力强，富有活力和创造力，是网上较为活跃的群体，社会热点问题一经发生就会迅速在网络平台中热议成为校园网络舆论。[①]高校落实立德树人根本任务的过程也是对大学生开展网络舆论隐性管理和控制的过程，通过相关数据系统监督校园网络平台，有针对性地进行舆论行为管控，开展社会主义核心价值观教育，可以帮助大学生减少违背主流价值观言论的出现，遏制不良言论对大学生产生的危害。

（二）大学生网络舆论素养的行为与方式

在网络交往过程中，“由于没有明显的个人标志，不必承担破坏规范的后果，由此而产生了责任分散的心理”。[②]大学生对网络舆论认知有一定偏差。一是大学生对网络舆论的认知具有局限性。一方面大学生好奇心和求知欲强，思维活跃且情感丰富，对社会热点问题敏锐度较高，容易对某些敏感性话题、涉及个人利益等新闻热点产生网络舆论。另一方面大学生的思维能力尚未完全成熟，不能准确辨别网络中包含的非主流思想、不健康内容、不合法言论等有害信息，缺乏对信息的正确选择能力和对外界舆论的抵抗能力，如果不加以干涉和引导，容易形成与主流思想观念以及正确的世界观、人生观、价值观存在偏差的网络舆论认知。二是大学生对网络舆论的认知具有片面性。大学生社会经验不足，对社会热点问题的认识具有个人主观色彩，面对个性化情感与实践需求，大学生注重自身的情绪体验，容易形成以自我为中心的价值认知。大学生心理素质尚不成熟，容易受校园网络环境中同辈群体的影响，加之在互联网虚拟环境中，大学生容易迷失自我，盲目“跟风”，少数大学生会将舆论认知偏差发展成道德法律失范事件。

---

① 沈壮海，王晓霞，王丹等．中国大学生思想政治教育发展报告 2017[M]．北京：北京师范大学出版社，2018：379.

② 运生．网络秩序的建构：共同体与公共性 [J]．中共中央党校学报，2015(4)：39-43.

（三）大学生网络舆论素养的缺失与引导

（1）引导队伍专业能力和网络素养有待提升。一是高校引导队伍需要转变角色。新时代网络信息传播技术快速更迭，信息获取发布由传统的“一对多”模式转化为“多对一”模式，大学生由单一的信息接收者转变为兼具接收者和发布者双重身份。高校网络平台是开展新时代大学生思想政治教育的重要阵地，单向的信息发布易使高校网络舆论引导的吸引力、时效性和亲和力大打折扣，原有的网络舆论格局受到了严重冲击。二是引导队伍具有局限性。高校网络舆论阵地经过多年建设已取得不少成果，但舆论引导专业队伍建设起步较晚，在理论和实践上尚无明确的群体范围界定，当前主要由宣传部门、思想政治理论课教师和辅导员三大思想政治工作者群体组成，但由于专业背景、工作性质、价值认知等因素的制约，引导队伍的思想政治理论专业能力和网络素养参差不齐，难以建构包含高校舆情监测、舆论认知、舆论分析、舆论引导、舆论控制等在内全方位、多层次的引导体系。

（2）网络舆情监测及舆论引导机制建设有待完善。一是网络复杂性增加了舆情监测的难度。网络是一个纵横交错的立体虚拟空间，内容兼收并蓄，信息选择以个人需求和兴趣为主要导向，网络环境具有鲜明的自由性和复杂性。大学生受知识能力和社会阅历的限制，网络舆论认知分析、感性价值判断及价值选择具有同一性，社会多元化发展对大学生网络辨别能力提出了挑战，加大了网络舆情的可控难度。二是舆论引导机制需要凝聚多方合力。网络舆论引导机制是网络舆情监测管理的重要依据，其建立和作用发挥很大程度上取决于国家和社会的重视程度。当前高校网络舆论引导是舆论预警、舆论反应、舆论处理和舆论疏导综合作用的结果，仅依靠主流意识形态教育引导网络舆论方向难以真正为大学生提供有效指导。大学生网络舆论引导需要在网络监督的前提下协调进行，需要在主流思想舆论引领的基础上建立促进舆论引导主体的机制，引导内容更新强化和引导方法完善发展，逐步破解当前舆论引导的“瓶颈”，实现引导效果最大化。

第二节　网络舆论素养教育探析

案例一：寻亲者刘学州事件

【案例描述】

2022 年 1 月 24 日 0 时 2 分，河北邢台寻亲者刘学州在微博上发布了一条长文，

以“生来即轻，还时亦净”为标题，讲述自己从出生至今的遭遇。坐标显示在三亚，疑似有轻生倾向。凌晨4点左右，三亚市301医院急救科表示，刘学州经抢救无效死亡。刘学州本人因寻亲引发的系列事件备受公众关注，带来极大的社会影响。

刘学州自杀引发了网民的极大关注，中新社、央视网、澎湃新闻等媒体跟进报道，相关舆情信息陡增，覆盖全国，在微博造成较大影响，传播量达1017872条，产生了“刘学州去世”（阅读量12.5亿、讨论量14.9万）、“刘学州”（阅读量9.6亿、讨论量17.5万）、“刘学州将账户余额一半捐石家庄孤儿院”（阅读量2.9亿、讨论量1.6万）、“刘学州遗书还原找亲生父母要房一事”（阅读量2.3亿、讨论量1.4万）等话题，并进行反思，延伸出政府、学校、社会对未成年保护，网络暴力，新闻伦理等多个不同层面的议题。

【案例分析】

（1）媒体片面式报道致公信力受损。在事件发展过程中，《新京报》早期发布了极具争议的片面式报道（仅对刘学州的亲生母亲进行采访，未对刘学州本人进行采访），在类似报道下，个别媒体不经过事实真相的论证，为了博流量而恶意进行舆论引导，助推网民情绪化宣泄表达造成舆论对立和失焦，出现对刘学州的“网络暴力”行为。① 该类媒体对热点信息的追逐与迭代新闻的操作手法看似短时间内迎合了受众的需求，吸引了受众的注意力，但是却是以牺牲媒体的公信力为代价的，将新闻之原则、媒体之本心置之度外。

（2）网民情绪易被煽动，舆论引导困难。“网络暴力”“遗弃罪”“寻亲”“卖孩子”等词都具有极大的网络刺激性，大量媒体及大V持续追踪该案，对于事件的复盘及争议问题的归纳无形中加剧了舆论的焦躁气氛。网络具有虚拟性和匿名性，使得用户在用网过程中忽略真实的社会身份、道德准则和规章制度，抱着“法不责众”的心理去引导事件走向的同时，将当事人拉到了舆论的风口浪尖上，引发网络暴力，导致事件中舆论纷杂甚至戾气喷涌。

（3）“不要在不知情的情况下轻易做出评论，雪崩时没有一片雪花是无辜的。”大学生应当树立正确的网络道德价值观，提高自我意识，在网络世界中学会自省、自律、自重，提高网络道德水平；不要在网络平台上任意发表言论和暴露个人信息，同时当个人遭受到网络暴力的时候要保持良好乐观的心态去面对，并寻求帮助，积极采取

① 网络暴力通常是指用户在网上发表具有攻击性、煽动性和侮辱性的言论，或者揭露他人隐私，引发大众舆论针对特定对象进行攻击，造成当事人名誉损害、精神持续受到折磨的违法甚至犯罪行为。

措施。

（4）公权力要从立法和执法两个层面加大力度，治理网络暴力。完善政府监管和社会监督机制，促进互联网平台切实履行主体责任，不断强化个人信息保护水平和数据安全水平，出台相应的法律措施、网络平台加强监管等方式有效防范网络暴力行为。

案例二：孟晚舟回国话题

【案例描述】

孟晚舟事件自发生以来一直备受关注，2021 年 9 月 25 日，在被加拿大无理拘押 1000 多天后，孟晚舟终于回到祖国怀抱，与家人团聚。9 月 25 日和 9 月 26 日，国内的各大媒体、平台以及网民都将注意力聚焦在孟晚舟回国这一话题上。中央广播电视总台下属新媒体账号围绕“孟晚舟回到祖国”发布博文阅读量达 3.6 亿，互动量 507.4 万。“孟晚舟回到祖国”相关热搜话题阅读量 36.4 亿，话题讨论量 84.7 万。网友盛赞：“这才是热搜该有的样子！”

关于此事网民主流声音与负面声音的舆论交锋是围绕着孟晚舟归国的时间线来展开的。主流媒体的巧妙叙事，从即将归国、权威媒体重磅发布消息定基调，到归国途中，“外交部发言人就孟晚舟回国发表谈话”的传播，孟晚舟在朋友圈发布题为《月是故乡明，心安是归途》的长文，央视新闻策划的直播孟晚舟回家之路，牢牢掌握传播了话题传播的主流方向，然后是平安落地，孟晚舟演讲金句被媒体热传。从舆论交锋来看，主流舆论声音有效地遏制了负面言论的滋生。

孟晚舟回国的消息在引发众多网民的正面情绪之外，也有一些负面言论和恶意炒作迹象滋生。知乎旧题被重新编辑炒作，遭遇答友识破，微博大 V 恶意攻击孟晚舟，遭遇网民指责和平台封号。从舆论交锋来看，这些负面言论和恶意炒作被主流舆论紧紧打击，谣言和阴谋论被压缩。

【案例分析】

为了避免错误、炒作、极端的信息优先占据舆论主流，使网民对于孟晚舟回国一事形成错误的认识，权威媒体发布信息，让网民在第一时间获得正确的、权威的信源，有利于形成一个良性的传播效果。首发文章全文仅用 54 个字就交代了事件的核心，短时间就引爆舆论场。从舆论情绪上看，激动、感动的爱国情感占主导。主流媒体的绝佳议题传播策划和理性的网民共同构建了一次良性的大事件传播。

孟晚舟事件发生在中华民族伟大复兴的关键时期，发生在世界百年未有之大变局

中，实质是美国试图阻挠甚至打断中国发展进程。事件并不是仅仅关于一个个体、一个企业，而是一个民族复兴的缩影，是国与国之间的博弈，国家强大，则公民安全，民族凝聚，则人不敢欺。

网络社会是现实社会通过互联网纽带作用形成的虚拟空间，很多线上问题是线下问题在网络上的映射，并在网络空间表现出特殊的形式和传播规律。从网络空间言论、信息生态等方面来看，孟晚舟回国话题的传播是主流媒体和主流声音的胜利。当代大学生应涵养家国情怀，砥砺强国之志，将个人的梦想融入中国民族复兴梦，与时代精神同声相应、同频共振，增强批判意识，成为信息时代清醒的“媒介公民”，用行动擦亮那一抹“中国红”。

第三节　网络舆论素养提升策略

大学生网络舆论引导是指高校在网络舆论产生和传播阶段，通过合理利用网络手段，科学指导和规范网络舆论，使大学生网络舆论符合主流意识形态的过程。

一、塑造大学生网络道德意识

网络道德规范是网络道德的客观方面，网络道德意识则是网络道德的主观方面，前者是后者的前提、支撑。完整的网络道德是外在道德规范与个体内在道德意识互相塑造、互相推动的过程。在复杂网络空间环境和网络道德规范功能的双重作用下，大学生在网络交往中会面对来自外部的道德冲击，这种道德冲击影响着大学生对网络事件性质与既有道德规范的认知，有可能引起大学生对自身固有道德意识的质疑。这就要求强化大学生自身的网络道德意识，提高大学生道德判断的水平，增强大学生面对网络事件冲击时的道德能力。

高校要在课堂教学中实现网络知识与专业知识、网络道德与社会道德、网络技能与专业技能的衔接过渡。① 高校发展网络素养教育课程要以马克思主义理论为指导，将思想政治教育与网络素养教育有机融合，立足于实际网络发展环境，探索真正适合大学生网络素养发展的教学内容和教学方式，帮助大学生规范自身网络行为，学会正确使用网络。大学生网络素养教育应注重与相关学科教育相结合，创新教育内容，增设相关课程。在不同专业的教学过程中，应该成体系地丰富网络素养教育课程，根据各

---

① 齐爱民，刘颖．网络法研究[M].北京：法律出版社，2003：43。

专业具体情况，由理论教育逐步过渡到理论与实践相结合教育，全面加强大学生网络素质能力的培养，让大学生能够更好地掌握网络技术素养、网络安全素养和网络道德素养等，规范大学生网络行为。

二、增强大学生网络法律意识

网络法律是调整网络空间或与网络有关的各种社会关系的法律规范，其对象是借由网络形成的或存在于网络空间的各种社会关系。因此，网络法律意识指大学生对调整网络社会关系法律规范的认识，包括对网络法律规范正确认知和主动践行。网络空间并非毫无约束的绝对自由空间，更不是法律的真空，网络法律是客观存在的。

大学生网络素养中包含网络安全素养，其中涉及许多网络行为规范和相关法律法规常识。因此网络素养教育应增设相关法律普及课程，提升大学生对于网络知识产权保护、自身权益、网络平台治理条例等相关法律法规的认识，避免大学生掉进网络犯罪的陷阱。学校应注重在第二课堂开展网络法律法规的普法宣传与教育活动，利用校园新媒体平台，开辟网络法律普及专栏，发挥同辈教育在网络法律宣传普及方面的主要作用，形成网络法律意识培养的良性循环，推动形成大学生网络交往活动和法律意识培养的互动机制。

三、增进大学生网络认同意识

“网络社会认同作为一种新型认同，不再局限于社会成员根据身份、地位、阶层而被动地归属于某一群体”，而是立足于大学生在网络交往中的多种角色与责任，建立起与大学生现实交往活动相对应的一种综合性的认同意识。

要使大学生在网络交往中产生强大的认同力量，在大学生的网络交往中增进其对民族国家与自我的认同感，可以从以下两方面入手：一是学校创新网络素养教育方式，鼓励学生参与网络基础理论的研究与教育，广泛开展网络素养主题论坛、网络热点课题研究，分析解读网络文化、政治环境中的利弊因素，论证大学生主体现实交往与网络交往的异同，增强大学生对网络交往形式的理解。二是依托网络答疑平台强化大学生网络生存技能。例如，学习“强国”学习平台与中国互联网联合辟谣平台推出的“辟谣平台”，聚焦网络谣言治理工作，策划相关主题活动。通过官方媒体讲述分析实际网络事件，让大学生更清晰、更理性、更全面地认识到网络不良行为和负面网络信息对其自身和整个网络生态的危害。

四、提升大学生网络自主意识

网络自主意识是针对网民在网络交往中呈现出的从众现象与异化现象所提出的，包括独立意识、自律意识，是理性精神通过网民交往行为在网络空间的展现。在现实的社会生活中，大学生可以通过师长的肯定、他人的评价等社会舆论的渠道加深对自我的认知。但网络空间的虚拟化与匿名化，使每个交往主体都被禁锢在一个个“信息茧房”中，公众无法获得虚拟空间中与自我相关的其他社会信息，使大学生对“虚拟我”的认知偏向单向度。

个体在网络中的自主意识与在现实社会中的自主意识其实是互相补充的。高校要尊重大学生在网络交往中展示出的个体差异。个性意识要求教育者对大学生在交往中展示出的主体差异保持尊重的态度，既不严厉打压也不过分吹捧，积极地肯定差异化对主体人格的贡献，肯定个性发展对主体自由全面发展的价值。教育者要引导大学生独自面对其在网络交往中遇到的阻碍与问题。这里要求形成“问题缓冲期”，即当大学生向网络客体与现实客体求助时，教育者要进行恰当引导，提供给其解决问题的正确途径。这不仅能培养大学生的独立意识，而且有助于其理性思考能力的养成。教育者要帮助大学生建立起筛选有益信息的自觉意识，通过举办讲座等方式进行宣传教育，向大学生传授过滤无效信息的技术方式，促进大学生对网络信息的选择与筛选。这能提高大学生对有效信息的利用程度，促使大学生在网络信息面前保持理性的判断力，做到不造谣、不传谣、不信谣。教育者要培养大学生在网络交往中的自我控制、自我反思和自我管理能力。比如，制订工作学习计划与用网时间、浏览范围，有效预防非目标网络信息对大学生网络交往行为的隐性牵制。

第六章 大学网络社交素养

第一节 网络社交素养及其产生

一、网络社交素养的概念

互联网作为全球规模最大的线上信息交流平台，真正实现了信息的快速交流与共享，成为人们生活的重要组成部分，并渗透到社会生活的各个领域。近年来，随着科学技术的不断发展和完善，互联网的用户数量也在不断激增，越来越多的人通过互联网开展交往活动。与传统的线下社交不同，互联网作为一种全新的信息交流平台，使人们的交往不再直接面对交往对象，而是通过电脑、手机等移动通信设备进行。网络社交是指从事交往活动的主体通过互联网，在网络空间中展开的能量、物质、信息、情感的交换与沟通活动，[①]其主要形式有网络游戏、网络聊天、电子邮件、论坛微博等。网络社交是随着互联网的产生及发展而出现的人类社会的新型社会交往互动行为，是人的社会本性在网络时代的体现和拓展。互联网也因其便利条件和技术支持，成为人们进行网络社交的必要空间。

二、网络社交素养的特点

（一）开放性

网络社交依托互联网进行相应的交往与沟通，因此其自身具备互联网的一定特点。

---

① 李素霞，许婉璞．网络交往与人的全面发展[J]．河北师范大学学报（哲学社会科学版），2008(4)：85-89.

互联网对服务商及其用户均是开放的，具有开放性，使得网络社交也具有极强的开放性。网络社交突破了时间和空间的限制，不再受各种现实条件的制约，交往主体可以在任何时间、任何地点和自己的交往对象进行交流，[①] 这种交往甚至是跨越国界的，大大加强了全球各个国家之间的联系，使“地球村”成为可能。

（二）平等性

由于互联网没有中心，没有直接的领导和管理结构，没有等级和特权，每个网民都有成为社交中心的可能。因此，人与人之间的联系和交往趋于平等，人们可以平等地利用网络所特有的社交功能，互相交流、制造和使用各种信息资源，进行人际沟通。尽管“数字鸿沟”仍然存在，许多信息边远地区的人们可能还没有机会参与到网络人际互动中来，但总体而言，平等性仍是网络社交的主要特征。

（三）自由性

在互联网没有普及之前，人们主要是通过电视、广播、报纸等传统信息传播媒介获取信息。人们只能被动地接收信息，没有对获取信息的选择权以及自由参与的权利。在网络社交中，人们可以自由地加入自己感兴趣的社区或论坛，并选择关注话题进行学习和讨论；可以自由地上传或分享自己的成果，并结识志同道合的朋友；避免面对面交流时可能会遇到的紧张和尴尬，从而自由地表达自己的观点和想法；当遇到困难时，人们也不必受传统人际关系的束缚和制约，可以自由地在网络平台上宣泄情感，倾诉不快。

（四）交互性

互联网的出现，为人们提供了更多的交流互动方式。除了运用QQ、微信等社交软件进行日常的交流以外，在网上对自己支持的内容投票、观看主播直播并进行打赏、在网易云评论栏获得共鸣、通过网络为自己喜爱的明星应援、使用弹幕分享自己的观看体验等都成为当代大学生喜闻乐见的交流互动方式。在网络社交中，人们不仅仅是信息的接收者，更是信息的选择者和传递者。[②] 在这个过程中，人们不仅获取了信息，也不断地促成了信息的发展、更新和丰富。

① 李玉华，卢黎歌．网络世界与精神家园——网络心理现象透视 [M]. 西安：西安交通大学出版社，2002.

② 李晶．受众为王，赢在信息消费时代——浅析全媒体时代的受众行为 [J]. 科技传播，2014，6(20)：109-110.

（五）虚拟性

互联网的虚拟性决定了网络交往行为具有虚拟性。互联网为人们营造了一个不同于现实物理空间意义的虚拟空间。网络社交时，人们只要坐在电脑面前或拿起手机，就可以实现全部的交往行为。传统社交最基本的特征是人与人之间面对面地交往，同时借助语言、表情、动作等完成交往活动。网络社交则打破了这种限制，人们不需要展现自己的外貌、表情甚至声音，而是仅仅依靠文字、图片或表情包实现数字化的交往，在此过程中，人们可以隐藏自己真实的想法和表情。同时，网络社交中人们的身份也是虚拟的，人们可以通过建立一个甚至多个网络社交账号，以虚拟的、数字化的身份与他人进行交往。

（六）匿名性

网络社交中，人们利用虚拟的账号进行交流和互动。每个人都可以自由地选择自己的姓名、职业、年龄等信息，建立一个或者多个身份，甚至可以随意捏造，做到完全匿名。一方面，网络社交的虚拟性导致交往对象的不确定性，因此人们在交往时可以以一种更加轻松自由、坦率开放的姿态进行社交，减少了传统社交中可能出现的顾虑和保留。另一方面，网络社交的匿名性使人们不能确定交流对象的真实身份，一定程度上也会导致虚假信息泛滥，不利于大众了解公众议题和获取准确信息。

三、网络社交素养理论

（一）马斯洛需求层次理论

美国心理学家亚伯拉罕·马斯洛从人类动机的角度提出了需求层次理论，该理论强调人的动机是由人的需求决定的，并且人在每一个时期，都会有一种需求占主导地位，而其他需求处于从属地位。在马斯洛需求层次理论中，人的需求分成生理需求、安全需求、归属与爱的需求、尊重需求和自我实现需求五个层次。人们从低级到高级追求各项需求的满足。①

生理需求是指人维持自身生存的最基本要求，包括饥、渴、衣、住、性、健康方面的需求，是推动人行动最强大的动力。安全需求是指人对安全、秩序、稳定及免除恐惧、威胁与痛苦的需求。归属与爱的需求是指人要求与他人建立情感联系，以及隶属于某一群体并在群体中享有地位的需求。尊重需求是属于较高层次的需求，如成就、

① 胡万钟．从马斯洛的需求理论谈人的价值和自我价值[J]．南京社会科学，2000(6)：25-29.

名声、地位和晋升机会等。尊重需求既包括对成就或自我价值的个人感觉，也包括他人对自己的认可与尊重。自我实现需求是最高层次的需求，是指人人都想实现自己的理想和抱负，发挥个人能力到最大限度，完成与自己能力相称的一切事情以及为崇高的理想而奋斗的需要。[①]

本篇中我们所说的网络社交是包含于归属与爱的需求等级中的。人与人交往的需求仅在生理需求和安全需求之后，在网络社交这个过程和大环境下，获得归属感和被爱感，是人们所迫切想得到满足的需求。马斯洛需求层次理论从理论的角度说明了人们依赖网络社交的根本原因：网络社交具备开放性、平等性、自由性、虚拟性、匿名性等特点，导致我们的交往范围全球化，交往对象多重化，交往形式多样化，人们的归属感和被爱感被无限放大。

（二）六度分隔理论

哈佛大学社会心理学家斯坦利·米尔格兰姆曾设计了一个连锁信件实验，他把一封信随机发送给了住在美国各个城市的一部分居民，信中有一位目标人物的姓名、联系方式、地址等信息。收到信件的居民需要向这位目标人物发送一封信，但是不可以直接联系目标人物，而是需要把信件先寄给自己认为比较接近或认识该目标人物的朋友，同时所有收到信件的参与者都需要遵守这一规则。实验重复进行多次后，绝大多数信件最终都邮寄到了目标人物的手中。通过统计计算，米尔格兰姆发现，每封信平均转手的次数为 6.2 次，也就是说我们只需要 6 个人，就可以使两个完全不相识的人建立联系，因此该理论被称为六度分隔理论。

该理论为我们展示了一个重要的思想，即我们可以通过一些方法，使全球任何两个相互不认识的人建立起直接的联系或关系。当然，受每个人交际圈大小以及交际能力的影响，建立这种联系的效率和成功率也会表现出明显的差别。我们所说的社交网络，就是基于六度分隔理论发展起来的。[②] 微软的研究人员曾经在 MSN 上做了一个实验，他们提取了某个月来自 MSN 的 2.4 亿用户的信息，同 300 亿条信息进行对比，发现所有用户平均只需要通过 6.6 人，就可以和 MSN 数据库中的 1900 亿组资料产生联系。[③] 这项实验结果向世界展示了一个更加数据化的社交网络并揭示了其广阔的发展

---

① 彭先兵．马克思主义需要理论对高校思政理论课的意义 [J]. 重庆文理学院学报（社会科学版），2010，29(2)：152-156.

② 史亚光，袁毅．基于社交网络的信息传播模式探微 [J]. 图书馆论坛，2009，29(6)：220-223.

③ 刘向阳．病毒营销的理论基础及传播机理模型研究 [J]. 中国商贸，2010(28)：34-35.

前景。

随着信息技术和互联网技术的高速发展，MSN、Facebook、微博等基于六度分割理论的社交应用软件将会发挥着越来越重要的作用，[①] 人们通过社交网络中所形成的“强弱关系连接”使网络社交的效率以及人脉关系等都将得到了前所未有的加强。

四、新时代网络社交对大学生人际交往的影响

（一）网络社交对大学生人际交往的积极影响

1. 扩大交往范围，促进大学生形成独立的社会人格

大学生作为刚刚走出家庭并准备进入社会的一个特殊群体，其社交范围与角色定位与以往相比产生了巨大变化。他们需要通过提高自身的沟通交往、角色定位等能力，使自己逐渐融入社会生活并形成独立的社会人格。网络社交凭借其强大的多样性和交互性等特点，可以很好地促进大学生社会化程度的提高。[②]

一是提高角色定位能力。个体在进行社会交往的过程中，由于其角色定位不同，其交往对象、交往地点和交往方式也会有相应的改变。例如，大学生在未正式参加工作前，其自我角色多为学生、同学、子女；而进入社会后，他们将更多地扮演如同事、下属、个体户等以往较少接触的角色。网络社交凭借其虚拟性及交互性，为大学生提供了多样且广阔的交往平台，使其在大学期间就扮演不同的社会角色，体验不同的社会责任，从而更好地增强大学生踏入社会的信心和经验。

二是提高沟通交往能力。在进入大学之前，大学生作为学生、子女、同学，接触的交往对象以老师、家人和同学为主，交往圈较小且所能提高的交往能力有限。进入大学后，随着自我意识不断增强，他们渴望通过拓宽社会社交圈子、得到社会社交机会、展现社会交往能力来得到他人的认同和赞扬。网络社交开放、平等的特点恰好可以满足大学生的这一需求。在网络社交过程中，大学生不仅可以通过微信、QQ 等网络社交平台同以往以的朋友及新结识的朋友随时保持密切联系，还可以通过论坛、微博等平台加入如攀岩、旅游、唱歌、辩论等自己感兴趣的组织和社团，结识陌生好友并进行交流，跨越阶层、年龄、职业等因素的限制，自由平等地开展社交活动。这极大地拓宽了大学生人际交往的广度，提升了大学生的人际交往能力。

---

① 李熙．基于六度分割理论和中心度识别微博网络的关键人物 [D]. 西安：西华大学，2013.

② 杨昌勇，郑淮．教育社会学 [M]. 广州：广东人民出版社， 2005.

2.拓宽交往平台，提升大学生综合素养

一是校园背景层面。大学生可以通过各高校的官方网站、微信公众号、高校微博等新媒体平台上获取如校园简介、校园招生、教学科研、校园新闻等所有信息，享受网络校园一站式服务。学生组织通过QQ群、微信群等平台讨论工作、发布通知并进行日常的情感社交。任课教师通过转发、分享学术前沿热点问题的形式与学生进行学术探讨。在新冠疫情暴发时期，网络社交的优势则更加凸显，大学生通过网络社交了解国内外防控疫情的最新动态；高校志愿者通过网络社交自发组队辅导医护人员子女，以网课的形式进行授课；大四毕业生也通过互联网获取辅导员所发布的招聘信息并进行网络面试。网络社交成为高校师生交往互动的重要渠道。

二是社会背景层面。大学生可以通过搜索引擎、微博论坛等社交网站，按自身需要搜寻相关信息，了解国内外时事热点、评论各类新闻。一些热心公益的大学生通过加入青年志愿者协会、红十字会等爱心网站，从而受到道德模范先进事迹的感染和号召，积极投身于力所能及的公益事业当中，全面提高自身的综合素养。

3.创新交往形式，构建大学生和谐的人际关系

一是树立平等意识。大学生自身的自我意识使其对交往时的平等意识的需求大大提升。现实生活中的人际交往往往以面对面的形式展开，交往双方受阶层、职业等社会因素以及相貌、身高等外在条件的影响和制约，对交往对象的沟通和了解往往比较片面，影响大学生开展正常的社交活动。网络社交则突破了这种限制，以“人—机—人”的形式，借助文字、声音、表情包等方式进行间接交往。这种交往形式不仅使大学生可以以一种更加轻松自由、坦率开放的姿态进行社交，减少了传统社交中所出现的顾虑和保留，还可以使每位大学生都享有平等交往的权利，树立其内心的平等意识，使其获得人格和心理上的满足。

二是完善心理认知。由于网络社交具有虚拟性和匿名性，相比传统社交，人们往往更容易直接指出对方的缺点与不足。与此同时，当大学生结合自身情况浏览其在自媒体平台所收到的评论内容时，他们往往更易于了解和认识朋友眼中的自己并站在对方的角度进行自我审视，主动寻找自我与他之间的思想差异及形成的原因，全面了解自己，完善自身心理认知，构建和谐的人际关系。

（二）网络社交对大学生人际交往的消极影响

1. 易造成大学生现实人际交往中情感疏离

现如今，互联网已成为人们学习和生活不可缺少的重要组成部分。随着互联网的普及和运用，网络社交正在逐渐取代传统的面对面、书面或电话沟通的社交形式，成为日常人际交往的主要方式。越来越多的大学生习惯通过冰冷的手机屏幕，利用键盘打字沟通、抒发情感。这种社交方式虽然会使大学生交往双方的沟通更加迅速和便捷，但大量且频繁的网络社交使大学生用于现实交往的时间大大减少，一定程度上也会造成他们在现实人际交往中的情感疏离。

一是削弱社会属性。由于互联网具有虚拟性和匿名性，大学生在进行网络社交时往往会感到更加轻松和自由，但这种交往方式缺乏人与人之间的深入接触和了解，有时甚至还伴随着一定的欺骗性。虽然这种形式在一定程度上也可以满足大学生仪式的心理需求，但却无法完全替代面对面的情感交流。因为网络社交过程中不存在真正意义上的社会实践活动，大学生难以体会到切实且强烈的社会情绪和感受，也无法体验到社会实践中所伴随的收获与成长。长此以往，会削弱大学生的社会属性，导致他们陷入对网络社交工具越发依赖的死循环，影响其未来走入社会后的整体发展。

二是减弱人际交往能力。现实生活中的人际交往往往伴随着沟通问题和矛盾的出现，解决问题的过程有助于大学生发现自己在交流交往方面的不足，有针对性地提高自身的沟通协调能力，从而更好地与他人相处。但在网络社交过程中，大学生扮演着与自己的现实生活截然不同的角色。[①] 即使遇到沟通问题，也可以通过使用各式各样的网络用语和表情包巧妙解决，难以使大学生对人际关系问题和沟通表达能力有更深层次的思考。同时，过多的网络社交易使大学生失去对现实交往的热情与需求，从而使其对现实生活中的家人、老师、朋友产生距离感，过年夜阖家团圆但人人都在低头进行“微信摇一摇”的现实场景正证实了这一影响。大学生难以融入班级的集体，对现实社会也漠不关心，这种趋于独立的状态大大削弱了大学生的人际交往能力，更有甚者会出现语言沟通障碍。

2. 网络社交易造成大学生现实人际关系的信任危机

信任感是人与人沟通交往的基础与前提，但是网络社交的虚拟性不可避免地导致大学生在网络上进行人际交往时的信任度较低。他们往往不愿意向陌生人公开自己的

---

① 巩立超．浅析高校网络文化环境对大学生进行思想政治教育的影响[J]. 中文信息，2013(10)：27-28.

真实身份，甚至隐藏自己的年龄、性别等个人信息。与此同时，大家隔着冰冷的屏幕进行沟通交流，凭借文字或符号很难判断出对方的言行是否具有真实性和可靠性，从而使大学生对人际交往充满了怀疑与不安，造成大学生现实人际关系的信任危机。

一是大学生信任较难维系。曾有心理学家指出，当人们养成了一种行为习惯后，这种行为就会潜移默化地转化成他的人格特质。因此，大学生在网络社交中所体验到的欺骗感以及对网络人际关系中所产生的猜忌与怀疑的心态很有可能被带入现实生活，使大学生间的信任较难维系。网络上的一些虚假的求助信息，如“轻松筹”或者因盗号而产生的各类诈骗信息，出于对寻求帮助的网络好友的信任，多数大学生会给予力所能及的帮助，但某些虚假的求助信息也会使他们产生不再信任他人的想法，从而影响其现实生活中的行为选择，即不再关心他人或不再给予他人帮助。

二是引发大学生的隐私危机 。网络社交以互联网为载体，具有一定的言行失范特征，加之其自身具有的弱监管性，导致大学生在进行网络社交的过程中存在一定的风险，容易造成个人隐私的泄露，威胁到自身的人身及财产安全，为当代大学生的人际关系埋下隐患。在网络社交过程中，人们的隐私都隐藏在社交账号中，对方只要破解了自己的社交账号和密码，就可以轻而易举地获取自己的隐私信息；随意点击自己所信任的网友发来的链接或网址，也可能会使自己的电脑被非法入侵。这些被掌握的隐私信息轻者被贩卖至发送色情垃圾短信的网络商家，重者则可能涉及高利贷等危险产业，严重威胁到自身的人身和财产安全。社交网络发展过程中出现的“人肉搜索”一定程度上也破坏了人与人之间和谐的人际关系。

3. 网络社交影响大学生健康恋爱观的形成

网络社交过程中，未曾谋面的异性男女很容易在情感上产生依恋与好感，这种在社交平台上结识并发展起来的爱情通常被称为网恋。目前，网恋已经成为大学生群体中越来越常见的一种恋爱形式，其出现主要有以下几个原因：一是网恋对象的选择范围更大，弥补了大学生在现实生活中没有遇到心仪伴侣的遗憾；二是在虚拟的网络世界里，网恋双方可以隐藏自己的长相、年龄、职业等基本信息，为对方塑造一个完美的伴侣形象，这样的新鲜感和神秘感更容易加强对彼此的吸引力；三是网恋无须承担任何现实恋爱中需要承担的社会责任且成本低廉，在相处过程中即使认为彼此不合适，也可以较为简单地结束这段恋情或直接选择消失，恋爱压力较小。虽然当代大学生乐于选择网恋这种恋爱方式，但其最终的影响往往并不乐观。

一是恋爱责任心降低。人们在现实生活中的恋爱除了彼此之间的爱慕，还要考虑年龄、工资、家庭、地域等各种社会因素，并不是仅仅依靠简单的精神吸引就能达成的，因此显得更加复杂和严谨。网恋虽以其独特的新鲜感和神秘感吸引着当代大学生，但是认真对待网恋的大学生较少，这也导致了网恋在大学生群体中的成功率较低。其主要原因是大学生在网恋时，受交往方式的影响常常抱有一种畸形的恋爱心态，对感情缺少一定的信心与责任心，对交往对象也缺少真诚与真心，这样的相处方式容易使网恋中的彼此受到接连不断的情感打击，从而影响其在现实生活中形成健康的恋爱观。

二是情感诈骗概率提高。由于网恋双方在交往时可以隐藏自己的相貌、年龄、职业甚至是性别等真实信息，把自己塑造扮演成一个理想的交往对象与对方进行交流，加之大学生的恋爱观尚未成熟，缺乏一定的情感辨别能力和社会交往经验，因此在网络过程中也常常出现一些道德甚至是法律问题，如盗用他人的照片欺骗对方，最终以“见光死”结束恋情；隐藏网恋的真实目的，出现转账诈骗甚至是拐卖等严重后果，难以保证个人的人身和财产安全。

第二节　网络社交素养教育探析

案例一：在线辅导抗疫一线医务人员子女

【案例描述】

2020年注定是不平凡的一年，一场突如其来的新冠肺炎疫情牵动着全国人民的心。无数驰援武汉的“战士”，坚守岗位的每一个平凡的人，他们用一腔热血、一份初心、一己责任扛起了战“疫”的重担，为万家团圆负重前行。[①] 这些“逆行者”夜以继日奋战在抗疫第一线，他们不能陪伴家人，更无暇顾及孩子的学业。为了使他们安心开展相关救治工作，也为了让他们的孩子接受正常的教育，全国1558所高校的学生积极响应团中央发布的《关于组织高校青年志愿者开展“与抗疫一线医务人员家庭手拉手专项志愿服务”的工作建议和指引》的精神号召，自发通过网络社交平台组成志愿服务团队。[②]

高校通过网络社交平台完成了发放通知、咨询问答、选拔面试、对接医务家庭等

① 包艳红．充分发挥媒体的责任与担当打好防疫攻坚战 [J]. 记者观察，2020(8)：21.

② 谢晓娟，柳杨．从抗击疫情中的志愿服务看新时代中国精神 [J]. 思想政治教育研究，2020，36(2)：62-67.

全部筹备组织工作，志愿者团队也使用以微信群为主的网络社交软件进行志愿者、学生、工作人员三方对接，利用QQ群课堂、微信视频、腾讯课堂、腾讯会议、钉钉直播等线上云平台，共筑线上学习平台，开展力所能及的线上辅导、答疑解惑和心理疏导工作，助力保障医护人员子女的学业和生活，成为抗疫一线医务人员家庭后方的守护力量。

【案例分析】

（1）从网络社交素养的特点角度出发。网络社交具有开放性的特点，即网络社交可以突破时间和空间的限制，交往双方可以在任何时间、任何地点和自己的交往对象进行交流。受新冠肺炎疫情的影响，人人都处于居家隔离无法外出的状态，人们无法进行正常的线下交往和沟通，此时网络社交即显示出其巨大的优势和便利。高校通过网络社交平台完成全部的辅导医护人员子女志愿者的工作，无论是前期筹备、选拔面试，还是最终对接家庭并开展辅导，全部在线上平台进行。所选拔的志愿者来自不同的省份、不同高校甚至是不同国家，志愿者和医护家庭的对接也跨越了时间和地点的限制，这些线上交往的实现均是依托网络社交所具备的开放性特征。

（2）与此同时，互联网的出现为人们提供了更多交流互动的方式。在网络社交过程中，人们不仅是信息的接收者，更是信息的选择者和传递者。人们在互联网上除了使用微信、QQ等社交软件进行日常聊天沟通外，还可以通过社交软件进行学习、交友、互动等。本案例中，志愿团队通过钉钉、腾讯会议等社交软件进行直播或录播形式的授课，充分发挥了网络社交交互性的特点。志愿者和医护人员子女在网络平台上学习交流、互动解疑。除日常的师生关系外，若双方性格、爱好、三观等相同，还可以发展成榜样或挚友的关系并开展进一步的交流。

（3）从网络社交素养的影响角度出发。网络社交以其独特的交往形式，具备扩大交往范围、拓展交往平台等积极影响，本案例也充分体现了以上几个交往优势。高校志愿者和医护人员子女之间本是不同省份、不同年龄的交往对象，依靠线下传统的交往方式结识并成为师生关系的可能性较小。志愿者团队“一对一”辅导医护人员子女的形式，克服了当地可能会出现的师资力量不足的问题，跨越了时间和地域的限制，使志愿师资力量全国共享，极大地扩大了双方的交往范围。网课的形式也突破了传统线下授课的弊端，增加了学生获取知识、接受辅导的渠道，解决了其疫情期间无法正常上课学习的现实问题。

案例二：乔碧萝殿下直播事件

【案例描述】

网络直播是一种新型的社交平台，人们通过斗鱼、虎牙、映客直播等各大直播平台，[①]将自己的视听影像即时地传递给全世界的观看者，并接收其直播评论。观看用户除了观看视频，也能同直播用户以及其他用户进行各种形式的直播互动，如分享表情、发送弹幕、打赏主播等。

打赏指观看直播的用户通过网络平台给网络主播送礼物，[②]这里的礼物主要是指需要用真实货币按照一定比例进行充值的虚拟礼物。观看用户通过打赏主播的形式，表达自己对直播内容的欣赏与支持，吸引主播的注意力，同时在直播间彰显自己的社会地位。

斗鱼主播乔碧萝殿下是一位拥有众多粉丝的声优主播。他在直播过程中通常会用图像遮住自己的脸部，只以声音示人。根据她本人在微博发布的照片来看，她长相甜美、身材火辣，是一位颜值较高的萝莉少女，从而在网络上收获众多流量和粉丝，成为众多男性粉丝的“理想女友”。但在2019年的一次直播过程中，她脸部的遮挡照片突然消失，画面中出现了一位疑似已近中年的女士，肤色蜡黄、体型偏胖，相貌与她在微博上发布的照片大相径庭，她所塑造的直播形象瞬间崩塌。[③]乔碧萝殿下的相貌骗局引起了众多粉丝的愤怒，随后网友合力搜索到了她的真实姓名、年龄、工作等信息，揭露了其盗用他人照片的欺骗性行为，以及在朋友圈中发布的“一万元可加微信私聊”“十万元才能露脸”等诱导性信息。本应限制或隐藏在个人后台中的真实形象也在直播事件后被网友围观，表情包“第二次世界大战坦克”“58岁奶奶”等外号迅速出现，在社交平台中流传。[④]

【案例分析】

（1）从网络社交素养的特点角度出发。网络社交具有虚拟性和匿名性特点，在进行网络社交的过程中，人人都可以注册一个甚至多个网络社交账号，以虚拟化、数字

---

① 胡杨．国内网络直播行业的发展趋势——以“一直播”为例[J]. 青年记者，2017(5)：22-23.

② 蒋进红．网络视频直播兴起的原因及未来发展路径探析[J]. 新媒体研究，2017，3(1)：7-9.

③ 杨渊．网络直播视野下的缄默形式诈骗探微——以“乔碧萝殿下事件”为例[J]. 开封教育学院学报，2019(12)：265-266.

④ 梅曦文．拟剧理论视域下女性游戏主播的自我呈现与反思 ——以“乔碧萝事件”为例[J]. 视听，2020(4)：133-135.

化的身份与他人交往。这使我们不能确定交流对象的真实身份，一定程度上会导致网络虚假信息泛滥，不利于大众获取准确信息。本案例中，乔碧萝殿下虽然在网络直播平台进行用户注册的过程中需要填写自己的真实信息，但在直播时依旧是以网名示人，主播和用户在进行网络社交的过程中无须受双方年龄、身份或职业等的制约，且主播在直播时为自己打造的人设也不受平台的制约。这种网络社交形式使网友无法真正鉴别屏幕背后的对象具体的身份信息和社交目的，增加了网络诈骗的风险。

同时，受网络社交虚拟性和匿名性特点的影响，在乔碧萝殿下事件暴露后，其朋友圈内容也相继被网友发布至社交平台上。根据朋友圈内容可知，其在直播期间曾不间断发布“一万元礼物可加微信私聊”“十万订阅才能露脸”等诱导性信息，并且根据网友爆料可知，不少网友已按照乔碧萝殿下的要求付款，并收到了其盗用他人的性感照片。在双方社交过程中，根据网友的付费金额，乔碧萝还可提供不同形式的“甜蜜服务”，其中还包括成为情侣的要求。由于网友在网络社交过程中无法真正识别对方的个人信息，因此捐款、抽奖、借钱、网恋等形式的诈骗案例屡见不鲜。这种情况若不加以辨别和管制，易造成现实人际关系的信任危机，同时影响人们在现实生活中健康恋爱观的形成与发展。

（2）从网络社交素养的影响角度出发。打赏的本质是对直播内容的一种消费，这其中除去金钱的影响，还包含了众多的情感消费。消费者所进行的任何性质的消费，其背后都存在着需求，打赏主播作为一种情感消费，其必然反映着消费者某种特定的情感需求。情感需求，即指向他人进行情感倾诉并从对方身上获得相应的情感依赖的需要。现实传统社交中的情感需求来源包括父母与子女之间、朋友之间、情侣之间等，而网络社交直播正迎合了人们对情感消费的需求。打赏主播后，用户的用户名和打赏的礼物会以弹幕的形式出现在直播间的中间，如果用户打赏的礼物较多，其用户名和打赏的礼物甚至会在平台进行滚动播放并伴有一定炫目的电脑特效。这样的特效往往更容易吸引主播的关注，主播会在直播间公开感谢从而使他们获得整个直播间的关注，在这一过程中用户得到的情感满足感往往是传统社交中难以达到的。

但是，由于直播间还会根据用户打赏的礼物数量生成打榜榜单，用户为了冲击榜单甚至会付出超出个人承受范围的金钱。新闻中所出现的标题为“女子辛苦攒下 13 万‘奶粉钱’，被丈夫用来打赏女主播”“13 岁少女打赏网络主播，俩月挥霍了 25 万”的新闻报道，使人们开始重新审视网络直播中的打赏行为。[①] 网络社交虽可以使用户得

① 薛静华，薛深．网络红人低俗化现象批判[J]. 中国青年研究，2017(6)：82-87.

到在传统社交过程中享受不到的情感满足，但若不加以控制，也会影响其正常的现实生活。

第三节　网络社交素养提升策略

一、加强自我教育，树立正确的网络社交底线与原则

大学生在开展网络社交的过程中，对在网络上接触和输出的信息要树立批判意识和选择意识，自觉摒弃冲击我国社会主义意识形态的观念，防止西方思想文化的渗透，要坚持用习近平新时代中国特色社会主义理论武装头脑、指导工作。

大学生在进行网络社交的过程中要坚守好自己的三个底线。一是法律底线，既要时刻避免自身行为触犯法律，也要在自身社交行为和合法权益受到侵犯时学会拿起法律武器保护自己。二是道德底线。社会主义核心价值观是我国社会伦理道德的主要表现，大学生在进行网络社交的过程中，尤其是在言论交流中应遵守基本的道德原则；要重视个人道德修养，内省克己，在充分肯定自我价值和社会价值的基础上，提高道德水平，增强道德自律。[①] 三是政治底线。大学生在进行网络社交的过程中要坚持中国共产党的领导，在面对西方资本主义政治制度、经济制度和文化制度等多元文化的冲击时，坚定自己的政治立场，树立科学的世界观、人生观和价值观和健康、文明、积极的网络社交观念，以正确的政治意识引导和规范自己的网络社交行为。

大学生要形成积极的上网动机，树立健康且文明的网络社交行为原则。一是要牢固树立诚信的网络交友观念，避免网络交友中的游戏心态，增强网络交友与现实交友的互通性；二是要牢固树立文明的网络言论观念，避免参与网络舆论的过程中使用粗话、脏话，拒绝网络言语暴力；三是要牢固树立乐观的网络求职观念，适应严峻的就业形势，避免在网络求职过程中出现急躁、盲从、慌乱的心态，积极开展网络就业创业活动；四是要牢固树立健康的网络娱乐观念，抵制网络涉黄、涉黑行为，避免沉溺于网络游戏；五是要牢固树立科学的网络学习观念，明确学习目标，规划学习时间，选择学习内容，提高学习效果。[②]

① 王立．和谐社会视域下传统伦理道德作用探究[J]．哈尔滨师范大学社会科学学报，2014，5(5)：13-16.

② 周新洋．大学生网络行为特征及其教育对策研究[D]．重庆：重庆交通大学，2016.

二、加强自我约束，形成严格的网络社交自律机制

网络社交过程中存在的网络社交依赖问题，虽受客观因素的影响，但更多的还是自身因素导致的。目前大学生年龄普遍为18~23岁，已经掌握一定的自我掌控能力。[①]互联网虽然能够给我们提供自由、宽松的交往环境，但是大学生作为成年人，也应时刻提高自身的自律意识和自我调适能力，努力成为自觉遵守道德规范的国家高素质人才。

大学生在进行网络社交的过程中首先应了解自身社交的目的，明确自身当前的社交行为是否对自己的学习和生活有实质性的帮助，理清自己在网络社交过程中用于学习、娱乐、工作等各方面的时间分配，从而发现自己网络社交过程中出现的问题。其次要根据自己进行网络社交的动机和目的以及具体的时间分配有意识地调整自己的社交时间，尤其是规划好自己休闲娱乐、浏览网络社交网站和单纯网络交友的时间。如果发现自己有自控力较差的情况，可借助定闹钟或使用一些时间管理App，在增强趣味性和主动性的前提下，协助监督自己对时间的管理，逐渐减少自己进行网络社交的时间和频次。若已出现严重沉溺于网络或逃避现实世界的情况，则可直接选择与一切能进行网络社交的移动设备隔离，尝试去线下开展感兴趣的活动或培养兴趣爱好，转移注意力；也可以选择去校园心理健康咨询室寻求专业的心理辅导。

除此之外，大学生在网络社交的过程中还应严格把关自己的网络言行举止，拒绝使用粗话、脏话等言语暴力，实现言论行为从冲动性到理智性的转变；严格规范自己对信息内容的搜索和利用，过滤垃圾信息内容，实现学习行为从盲目性到专业性的转变；严格警惕自己在网络社交平台上进行一切以主播打赏、好友借钱、充值贷款为形式的金钱交易行为以及透露自己密码隐私的需求，实现交往行为从娱乐性到责任性的转变。只有大学生的自律意识得到强化，网络无序行为才能减少，从而进一步有效抵制网络社交失范行为。[②]

三、找准方式方法，掌握有效的网络社交礼仪

中国自古以来就是礼仪之邦，在传统线下社交的生活行为和习惯中，已形成系统的礼仪文化。随着互联网应用的发展与普及，网络社交以其便捷、快速的优势，已成

① 陈定国，赵祖地．大学生行为学[M].杭州：浙江人民出版社，2004.

② 周新洋．大学生网络行为特征及其教育对策研究[D].重庆：重庆交通大学，2016.

为人们学习、工作和生活的重要途径。[①]无论是现实世界，还是虚拟世界，只要存在社交就必然遵循一定的人际交往准则；但是由于目前社会对网络社交礼仪尚未有明确的规范和制约，多数网友未能树立良好的自觉意识。大学生是网络社交的重要群体，目前尚未形成完整的独立人格，因此规范大学生的网络社交礼仪具有极强的现实意义。

（一）加友礼仪

大学生在进行网络社交时若遇到需要添加好友或是与对方第一次聊天的情况，可在添加好友请求中进行简单的自我介绍并写明加友理由；对方通过好友申请后，先加好友的一方需再次进行简单的自我介绍并注意礼貌用语；加好友后及时进行备注，避免后期因对方更换网名和头像而查找不到的尴尬情况；如果遇到需要帮他人介绍网友的情况，需先征求当事人的允许再发送联系方式给对方，确保不随意透露他人隐私。

（二）表达礼仪

大学生在用网络社交软件进行沟通时，要注意沟通效率，切勿使用“在吗”之类的用语，而是直接切入主题说明来意；如果稍感沟通效率低下，可进行致电询问，及时调整沟通节奏，沟通过程中，可适当使用正常的表情包进行交流，但要注意如“微笑”类的 emoji 表情以及较为私人化表情的使用；在进行回复时，尽量表明自己的态度，避免使用“哦”“嗯”“呵呵”类的用语，产生不必要的误会。慎用语音功能，尽量避免连续发送多条 60 秒以上的长语音；若是较为重要的事情，尽量使用文字描述；如文字内容过长，在编辑时可做好分段和编号，方便对方查看；要慎用截屏功能，两个人的社交内容是较为隐私的内容，如因工作需要需把与对方的对话截图发送给第三方，要提前经过对方同意，不可随意截屏为证。

（三）交流礼仪

不同的线上组织或论坛上有不同的行为规则、谈论风格和组织文化，当大学生新加入一个圈子时，可以以短暂爬墙头的形式提前了解组织的文化氛围后再进行发言和讨论，同时恰当地使用流行语、表情包等，入乡随俗；任何人都有犯错的可能，网络社交的过程中当遇到他人出现使用错别字、出现知识点错误或是提问较为基础的问题时，不应在公众社交平台直接对其苛责，可使用私聊的形式委婉提醒；交流过程中应

---

① 罗宇蒙．新媒体对当代大学生价值观的影响研究——以直播 APP 为例 [J]. 创新创业理论研究与实践，2018(22)：1-2.

始终保持真诚、平等的态度，积极分享自己的知识，谦虚地向他人请教，不故意挑衅和使用脏话；社交过程中遵循有始有终的原则，即使有突发事件需要暂时中止社交，也要第一时间和他人解释去向，不做突然消失的行为。

四、匹配人群场合，选择合适的网络社交行为

网络社交礼仪是大学生进行网络社交的基础，但在不同的网络社交场合，除了要遵守基本的网络社交礼仪外，还会有一些特殊的社交要求和注意事项。

（一）高校日常生活场合

尽量不在较大的班群或组织群发送如广告、求点赞的链接，不以文字或表情包的形式刷屏，或是在不经过他人同意的前提下随意拉对方进陌生的群组。如需要网友帮助填写问卷，可在填写过后发小金额红包以表感谢；相反如果本人已领取了对方的红包，则一定要确保问卷填写并提交成功。正确使用社交软件的匿名发言功能，大学生应将社交软件的匿名发言功能当作一个增进友情、头脑风暴的平台，而不是自己随意发表不良言论甚至进行人身攻击的保护盾。如因特殊情况需与长辈及老师电话沟通，或请教较为复杂的工作，应尽量避开中午和晚上休息的时间，可提前以短信的形式向对方留言，预约沟通时间。如遇节假日需向长辈、老师及同学发送祝福短信，可根据对方实际情况编辑祝福短信；如发送对象过多，也可选择以固定文案＋变换称呼的形式发送短信，既能展示自身诚意，又能提高工作效率。

（二）高校学生组织工作场合

发布工作通知及文件时，需提前知悉通知内容，精简提炼文件内容并确认无误后再进行发布；转发他人的工作通知时，需根据实际情况和语境进行修改后再进行发布。发送工作邮件时，在符合网络社交礼仪的前提下编辑邮件内容，并根据文件或附件的内容填写主题；发送前仔细检查邮件内容及邮箱，以防出错；发送后可回到QQ或微信等网络社交平台给对方留言，以免对方错过重要工作，收到工作通知或询问时，需根据实际情况在社交软件上及时给予对方回应，不仅向对方表达尊重，也极大地提高了工作效率；如收到有完成截止日期的工作，需在规定时间内完成并主动向对方汇报工作完成情况。

（三）网络求职场合

线上求职的电子邮件应尽量简明扼要，既要把自己在某一方面的特长讲清楚，又

不要过于冗长。如果是通过 E-mail 发简历，可以“姓名 + 应聘某某职位”作为邮件标题，把求职信作为邮件的正文并添加命名无误的简历附件。[①] 在进行视频面试时，需提前调试好摄像头及话筒设备并提前 15 分钟进入面试间进行签到准备；服饰应正式、整洁，发型整齐、得体并化淡妆；面试过程中应时刻保持行为、语言得体、礼貌；如有客观原因无法按时进行线上面试，应提前与 HR 电话沟通，以征求对方同意。网络求职过程中需谨防网络诈骗，不可让求职情绪影响自己辨别真伪的能力，尤其是对于未面试就让应聘者交纳报名费和培训费的招聘信息，如遇到可及时在网络社交平台上进行防诈骗分享并进行举报。

（四）信息传播及校外交友场合

大学生在微博、抖音等具有信息传播和交友功能的平台上进行网络社交时，应发布可靠真实的信息，抵制网络上通过一张图而断章取义的行为；时刻发布最及时的信息，不在爆点或热点新闻下发布过时信息，混淆视听；乐于帮助他人在信息传播平台上发送如求助信息、就业信息等；必要的时候，可以帮对方转发信息，转发时应写清原作者的基本信息，提高转发效率；尊重各圈级和话题文化，无论自己是否了解此话题，均以客观、公正的态度参与和讨论，禁止随意谩骂、故意挑衅和使用脏话的行为，不做网络暴力的主导者和参与者；在网络交友或观看直播的过程中，应时刻清醒地认识到现实生活和虚拟世界的区别，不轻易把虚拟世界的情感和寄托带入现实生活，如涉及金钱交易或现实见面，应时刻注意自己的财产和人身安全。

（五）网络游戏场合

大学生在进行游戏时应时刻保证网络畅通，避免经常掉线的，影响团队合作和对方成绩；在接触一款游戏前，应对该款游戏的文化和基本术语有所了解；游戏过程中注意文明礼仪，学会控制自己的情绪，不因游戏过程和成绩以任何形式随意谩骂他人；乐于帮助他人，不嘲讽对方的游戏技术，当队友需要药品或装备时及时提供帮助，提高团队合作效果；诚信游戏，拒绝任何形式、任何原因的开外挂行为，破坏正常的游戏秩序；禁止盗号或骗取他人的财物，不与他人共享账号，同时自身要时刻警惕，避免落入游戏诈骗的圈套。

---

① 周裕新 . 求职上岗礼仪 [M]. 上海：同济大学出版社， 2006.

第七章　大学生网络心理素养

第一节　网络心理素养及其特征

一、网络心理的研究发展

（一）网络心理学的概念

人类心理发展会受到多种因素的影响，与其直接相关的生活环境和生活经验有极大关系。网络心理学是指对人们长时间使用网络的过程中心理和行为规律进行研究的心理学领域或心理学分支，它特定的研究对象是人在网络空间中的心理与行为规律，包括人与网络的互动关系。网络时代是真实世界和虚拟世界的交替，网络技术与生活内容的结合，使得网络金融、在线教育、网络购物、网络婚恋等丰富的网络行为方式得以出现；使得网络空间从原始的文本环境转变为多媒体环境，处于其中的交互模式也从人机模式转变为社会互动，使得真实世界中的“场景”完全可以在网络虚拟世界中呈现，并发挥更广泛的辐射作用。例如，2015年腾讯公司在春节期间做的微信红包是非常成功的“场景”呈现案例，它将过年发红包的场景搬到手机上来，让我们在虚拟的网络世界中感受到真实世界的场景，让我们都能够快速地适应并接受它。网络不仅改变了我们生存环境中的外在物质世界，也改变着我们内在的心理世界以及我们的情绪、反应和行为，让我们在这个新的社会环境和心理环境中，衍生出反映人类行为方式和内心经验的新规律，包括相关的心理反应、行为表现、认知过程和情感体验。网络之所以能对人类心理与行为产生如此广泛的影响，正是因为其发挥作用的方式能够在人类活动的各个领域充分渗透。

（二）网络心理的研究发展历程

1. 国外研究历程

1984 年，Sherry Turkle 出版的 *Second Life: Computer and the Human Spirit* 首次系统地对计算机技术与人类的关系进行了研究，从人类思维、情绪、记忆和理解等方面访谈了儿童、大学生、工程师、人工智能科学家、黑客以及个人电脑拥有者，探讨了计算机最初是如何影响人们对自我、对他人的觉知以及对人类与世界关系的觉知。随后，Elwork 和 Gutkin 进行了计算机时代人类行为研究，一系列的研究将探索领域扩大到了教育心理、信息加工、情绪管理和心理健康等方面。1985 年，《人类行为计算》*Computer in Human Behavior* 杂志成立，开始刊登从心理学视角出发，与计算机相关的研究论文，这标志着学术界对网络心理学的重视与认可。美国著名心理学家 Patricia Wallace 撰导的 *The Psychology of the Internet* 一书从心理学的角度剖析了人们在网络世界中的种种行为，如上网成瘾、网络伪装等，全方位、多角度地介绍了网络心理。[①] 这是一部涉及错综复杂的网络文化、研究人际互相作用的开拓性著作之一，它使人们更清晰地了解到自己与网络相互作用的原动力以及网络对人际交往的重要影响。

国外关于网络心理的研究较多涉及以下几个研究领域：①网络空间及其特征；②网络中人的认知与情感；③网络中人格与自我；④网络人际互动的理论及其特征；⑤不同类型网络的使用对人的影响；⑥网络情境中的教与学。具体方向为网络使用者心理的特征；如何利用网络教学的优势最大限度地使学生受益；如何利用网络平台最大限度地发挥心理健康教育的作用；人们在网络环境中的多重自我；网络成瘾、网络欺凌等新型问题行为方面的研究。

2. 国内研究历程

相较于西方发达国家，互联网在我国的发展与普及较晚，因此对网络心理的研究也较晚。但是互联网在国内的发展非常迅猛，自 1997 年起，中国互联网络信息中心开始于每年年初和年中定期发布《中国互联网络发展状况统计报告》，通过全国大样本调查报告网民对于网络的使用行为和发展趋势；同时，相关全国性报告，包括青少年上网行为报告、网络行为亚类报告的发布均为网络心理学的发展提供了重要的数据支撑。自 2000 年以来，国内学者从多个角度对网络心理进行了广泛的研究，开始发表相

① （美）帕特•华莱士．互联网心理学[M]. 谢影，荀建新，译．北京：中国轻工业出版社，2001.

关的学术文章。网络心理整体研究趋势与国外研究趋势相一致，总体呈现出以下特点：①早期研究热点较为集中，主要聚焦网络成瘾、网络欺诈等网络行为问题；近年来，开始重视网络学习和网络教育等方面的研究；②研究方法倾向于传统方法在网络上的应用，针对网络特有的研究方法还需进一步创新；③网络社交的心理学学术研究跟不上网络社交应用的用户增长速度。

（三）网络的心理特性

相比现实空间，网络空间的独特性对身处其中的人们呈现出一些具有特殊寓意的特性。这些特性对人们在网络中的行为表现形成了不同程度的影响，从网络空间中人际互动的背景、手段、过程和结果等方面分析主要有以下八个特性。[①]

1. 视觉匿名

匿名是指人们在网上互动时在很大程度上不能看到对方，人们可以控制何时以及多大程度表露自己的人格信息。网络的匿名性会给人带来一种安全感；在加入在线社区、网络游戏时，会给人带来归属感；在网络上分享感受与照片时，得到他人的点赞时，人们的自尊心得到了满足。但由于在网络空间中人们看不到对方的表情和身体语言，这也涉及感觉消减，限制了触觉方面的互动。

2. 文本沟通

文本沟通是指在网络空间中，人与人的互动主要通过编辑文字来完成。虽然无法呈现面部表情与行为动作，但可以通过文字来描述自己的情绪状态，也可以通过使用表情符号来交流情绪信息。它是一种使用便捷、成本低廉的常见的社交形式。人们可以将自己的想法表达出来（一种表现自我认同的方式），并通过阅读对方的文字了解对方的想法（一种建立关系的方式）。但这也会引发社交恐惧症等，当人们长期处于文本交流的网络空间，再次回到现实世界中，面对面与人交往时，可能会产生一定的回避心理。

3. 身份可塑

身份可塑是指在网络中缺乏面对面的线索会对人们如何呈现自己的身份（自我认同）产生好奇的影响。网络空间的匿名性影响着人们在网络上如何呈现自己的身份。通过文本进行交流沟通，人们就可以选择将自己呈现为什么样的人，仅呈现自我认同

---

① 雷雳等．互联网心理学：新心理行为研究的兴起[M]．北京：北京师范大学出版社，2016：30-35.

的某些部分，构建假想的自我认同，或保持完全匿名。在多种网络应用的个人主页中，人们通过取不同的名字，设置不同的资料，通过“化身”来视觉化地表现自己。人们可能利用这种网络特性表现令人不快的举动或情绪，如辱骂他人；也可能表现的是诚实而开放地面对某些问题，这些问题都是在面对面的交流中无法实现的。

4. 空间跨越

空间跨越是指在网络中的互动几乎不会受到地理距离的影响。由于网络的兴起，世界被称为一个“地球村”，正是因为网络可以让世界各地的人们随时随地进行聊天（如微信、QQ）、交易（如云闪付、支付宝）、购物（如淘宝）、分享感受（如微博）以及获得支持等。网络既可以让人们结交兴趣相投的人，从而找到可以分享自己独特兴趣的人，也可以利用网络找到满足需求的支持，从而解决自身的问题，这些都是网络非常有用的特征。但是，对于一些有反社会动机的人而言，这是网络一种非常消极的特征。例如，某些不法分子利用网络的空间跨越特性，定位难以追踪，无处不在地利用人们贪恋、恐惧、不谨慎的心理实施诈骗。

5. 时序弹性

时序弹性是指在网络的互动过程中，人们对于时间的感受与物理世界中的感受可能并不一致，在同步和非同步的交流中都存在着时间的延伸。在现实中，人们的人际交往与互动基本是同步进行的。而当人们利用网络在聊天室和即时通信中互动时，交流的双方均在电子设备或计算机前进行实时交流，这虽属于同步交流，但仍然存在着一定时间的延迟，人们能有几秒钟到一分钟的时间来回复对方。而当使用电子邮件或微博留言交流时，人们不会被要求即刻回复，能有数小时甚至几个月的时间来回复对方，这属于非同步交流。网络独特的时序空间使得人们的持续互动时间得以延伸，为人们的交流提供了“反省区”，让人们有更多的时间来深思熟虑自己的回复。但是这种对自我呈现的更多编辑控制，也会使网民的个人形象被理想化，因为有可能呈现出来的部分是经过刻意“装饰”的。因此有些人在网络社会和现实社会中会呈现出不一致的言行、不同的人格。

6. 地位平等

地位平等是指在大多数情况下，在网络世界的每个人都有相同的发声机会，可以在法律规定的范围内表达自己的观点。由于网络没有中心，任何网民都有可能成为中心，因此在网络中的沟通交流趋于平等。人们可以利用网络所特有的交互功能，互相

交流、制造和使用各种信息资源。但网络平等的特性也会带来消极方面，就是一些键盘侠因为网络的平等性可以不负责任地随意攻击他人，引发不良的社会舆论。

7. 多重社交

多重社交是指在网络中人们可以同时与来自各个方面的人接触、交流。在多任务并行时，人们可以在短时间内穿梭于多个关系中，甚至在同一时间与多人进行聊天，而其他人未必能够意识到这个人正穿梭于多个关系中。此外，人们还可以通过网络搜索进入各种各样的兴趣相投的圈子，利用网络大数据，筛选出自己感兴趣的特定的人和群体。

8. 存档可查

存档可查是指上传到网络上的内容会永久 / 长期存在，并且这种信息可以通过搜索引擎轻易找到。例如，人们在邮件中或用即时聊天工具发送的文件、音频是能够被保存下来作为一个电脑文件储存的。与物理世界中的交流不同，网络中的用户在聊天过程中的说话内容、说话对象以及说话时间都会有永久记录。例如，疫情期间，微信的“国务院小程序”就能准确记录下使用者何时去过何地，追查到其是否为新冠肺炎的密切接触者，这为我国的疫情防控工作提供了极大的便利。但这一特性也可能会让人们在网络上说过的话、做过的事被追查并记录下来，从而使人们产生焦虑与不信任感，甚至变得偏执妄想。

二、网络对大学生心理的影响

大学生网络心理是指虚拟网络环境下大学生的心理活动过程以及由此形成的大学生个性特征的总和。[①] 学者对大学生网络心理的相关研究主要聚焦大学生网络心理特点、大学生网络心理构成、大学生网络心理问题成因分析、优化大学生网络心理问题对策等。

（一）网络对大学生心理的积极影响

美国学者 Burke M.，Marlow C.，Lento T. 的《社会网络活动和社会福利》认为，使用网络社交媒体，可以增加个人的社会支持和社会资本，降低人的孤独感，而社会资本与人的心理幸福感中的自主性和生活满意度等一些指标相关。网络给大学生创造了一个自我潜能开发、人际交往扩大、知识增长、心理沟通增强、不良情绪发泄以及

① 陶国富．大学生网络心理 [M]. 上海： 立信会计图书用品社， 2004.

完善人格的有效空间，促进了大学生综合素质的全面发展。

1.激发好奇心和探索欲

网络具有丰富的信息资源、影响面广、功能齐全、方式多样、意识观念开放、氛围轻松自由等特点，满足了大学生对新生事物的好奇感与探索欲。越来越多的大学生乐于通过网络进行学习和接受教育，能够主动在网络寻找教育资源。这不仅仅局限于书本相关知识，更多的网络应用技能以及专业相关知识，都能在网络上搜索到许多的学习资源与网课。大学生的求知欲和探索欲得以满足，又极大地增强了他们从网络上获取更多新事物、新知识的兴趣，使他们的认知视野得到不断拓宽，活跃思维得以持续激发。

2.建立良好的人际关系

网络为大学生提供了更为便捷的社会交往方式，使得大学生的交往范围不断扩大，人际沟通的时效性、便利性和准确性不断提高。在网络环境中，交流的各方地位平等，促使交流双方的关系更为民主、和谐与友好；同时由于网络具有匿名性和时间弹性的特性，大学生在网络交流中有思考的时间，可以在更为宽松的社交环境中展现自我、发挥个性，让自己的思想和情感突破时空的限制，社交障碍者也增强了交往的自信心，更容易自然地表达自我。

3.提供不良情绪的宣泄渠道

网络的匿名特性使大学生的不良情绪得以及时释放，同时促进了网民间的情感帮助、心理支持以及为网络援助机构的及时帮扶提供了新渠道。大学生可以在网络上找到能够互相理解的聊天对象，及时宣泄自己的郁闷、压抑与焦虑等情绪，并收获安慰、支持与指导。

4.完善人格构建

人格是在不同的社会情境中与他人互动的产物，网络中的人际交往与互动即人们主动探索自我和构建自我的过程。网络在大学生的学习过程中发挥着独特的积极的作用，通过网络学习，大学生不仅能改进自己的学习方法，学习他人成功的学习方法，提高学习能力与效率，而且能够提高自身的综合素质，掌握多方面的知识、技能，努力成为国家发展所需的社会主义现代化建设者。同时，大学生在学习的过程中，对知识、人物和事物的理解不会仅凭社会传统的刻板印象，而是通过多方的介绍产生自己的理解，这是大学生认知世界的一个不断构建与重构的过程。

（二）网络对大学生心理的消极影响

巴基斯坦的 Kausar Suhail Zobiabagrees 通过研究网络的使用对大学生的影响发现，过度使用网络将伴随着更大的心理问题。网络是一把双刃剑，它对大学生的影响往往是相对的。大学生在充分利用网络便利地进行学习、生活、娱乐的同时，过度依赖网络也给大学生带来了一些消极影响。网络的信息资源具有良莠不齐的混杂性、不规范性和无序性，容易把大学生引入歧途。大学阶段是人生的“拔节孕穗期”，是人生观、世界观、价值观形成的重要时期，大学生容易受到不良信息的影响，陷入网络是大学生健康成长过程中的一个心理陷阱，可能会产生网络孤僻症、网络成瘾症、网络交往障碍以及网络自我迷失等心理问题。

1.人际关系异常

英国的 Bevan J. L. 等人在《对 Facebook 重要事件的讨论：生活压力与生活质量》中指出，Facebook 占据人们日常生活的时间越多，人们就越容易感到焦虑，因为他们将大量时间花在网络虚拟人际上，而与现实生活中的人联系的时间大大缩减。网络虚拟人际交往带有“去社会化”的特征，与真实社会情境中的人际交往相去甚远。大学生长期沉迷于网上虚拟交往，容易形成社会互动的障碍，影响情绪社会化的发展，加剧自我封闭，造成人际关系异常。

2.价值观倾斜

大学生的世界观和价值观还没有完全形成，分辨是非善恶的能力较差，抵抗外界不良因素的能力较弱，长期利用网络获取信息，容易受到网上西方意识形态的影响，不同程度地消解我国社会主义意识形态和民族优秀文化的影响力，出现价值观的倾斜。

3.孤独感增加

美国学者 Christopher J. C. 在其著作《Facebook 的自恋》中提到，过度使用社交网络也会降低人们的自尊心，导致孤独人格。大学生将更多的时间用于网络，会忽视与亲戚朋友的面对面交谈，无法切实感受亲戚朋友的关心与爱护，孤独感就会加剧，严重者会出现严重的压抑现象。

4.个人主义倾向明显

当代大学生具有较为强烈的自我意识，对于个人所有物的从属权或自身是否受到外界的认可都非常重视。他们习惯于从网络中获取大量信息，并用他们独立的价值评判这些信息的真实性和适用性。这样的大学生喜欢自我表达而不擅长团队合作，导致他们在大学的集体生活中缺乏协调和换位思考能力而频频产生矛盾与摩擦。

5.道德准则淡化

网络的匿名特性让深处其中的网民具有高度的隐蔽性，每个人在网络上的存在都是虚拟化、数字化的，以符号的形式存在。网民之间没有传统社会的人际、法律、道德和舆论的约束，也没有面对面的交流，缺少他人的监督压力，日常生活中被约束的人性中的假、丑、恶的一面被释放和宣泄。[①]大学生从小受到多元文化的交互作用影响，接受各种价值观、思维方式的冲击，对新鲜事物和非主流观念具有较强的包容性，能接受各种思想和理念，认同“存在即合理”的想法。因此，大学生在网络中也更容易受到不符合社会主流价值的干扰，可能出现随心所欲说谎、造假等不良行为，影响大学生伦理道德的健康发展。

6.导致人格障碍

大学生处于人格未定型阶段，网络对于大学生人格的完善具有一定的积极作用，也极易让自我监控能力不强的大学生在不知不觉中沉溺其中而不自知，造成其心理错位和行为失调。当大学生沉溺网络时，容易失去对周围现实环境的感受力和积极参与意识，容易受到网络环境的影响变得情绪低落、紧张焦虑、孤僻冷漠、缺乏责任感和极具欺诈心理，从而发生人格变异。同时由于现实人格与网络人格存在很大的差异，频繁发生转换，就会出现双重人格和多重人格，导致人格障碍，甚至诱发网络犯罪。

（三）大学生网络心理特点

1.猎奇心理

猎奇心理是指人们对于自己尚不知晓、不熟悉或比较奇异的事物或观念等所表现出的一种急于探索其奥秘或答案的心理活动。[②]大学生正处于精力旺盛、求知欲和好奇心较强的阶段，而网络的空间跨越性与开放性，正好为他们提供了一个巨大的信息平台。网络以其信息覆盖面广、更新速度快等优势极大地激发了大学生的好奇心与渴求，激发出他们学习与掌握网络知识和应用技能的欲望，使得大学生快速融入网络世界。同时网络环境进一步刺激和开拓了他们求新、好奇的心理，使他们在网络中源源不断地猎取不同的信息。

---

① 薛德钧．大学生心理与心理健康[M]. 北京： 北京大学出版社， 2007： 224-225.

② 汪解．青少年性猎奇心理辨析[J]. 中国教育学刊， 1991(3).

2. 宣泄心理

目前我国的应试教育仍处于改革阶段，大学生都是经历以考试为主的选拔机制从高中阶段过渡到大学阶段的。十几年的寒窗苦读，学习压力大，娱乐方式少，精神长期紧张，同时处于青春期的大学生生理和心理都尚未发育成熟，焦虑、惶恐、烦躁等消极情绪常常伴随着他们，由此造成的长期压抑紧绷状态，在高考结束后得以释放，无拘无束的网络遨游成为大多数学生宣泄不良情绪的首要选择，因此也在无形中出现了沉迷网络的现象。

3. 逃避心理

当代大学生多为独生子女，他们在上大学之前，在家里一直都以自我为中心，受到长辈无微不至的关怀，独立生活能力较弱，抗挫能力较差。而离家上大学后，随着初入大学时的新鲜感与成就感逐渐消失，许多现实问题也开始困扰着当代大学生。他们生活在学校中，无法直接感受家庭的关心，很多事情需要自己处理。在与同学、舍友、老师的相处中，他们还是习惯性地以自我为中心，很少顾及他人的感受，因此往往在人际交往过程中受到挫折。在现实生活中受到挫折后，一些学生开始感到茫然无措，从而躲到虚拟的网络空间中回避问题，寻求暂时的心理安慰与解脱。网络的匿名性与文本沟通等特性，使得大学生能够通过发表言论、抨击时事等行为，满足攻击本能的释放；通过文本聊天，满足交往、自我变现、获得认同等需求。但这些逃避行为仅是暂时缓解自身情绪，是治标不治本的虚幻安慰。

4. 娱乐心理

人们在潜意识中希望日常的生活中有娱乐生活存在，来调节紧张的生活，给平淡无奇的生活添加色彩。当代大学生作为网络原住民，网络娱乐成为他们的首选。当代大学生从小就与网络打交道，并与移动互联网一同成长，数字化成为一种基本的生存环境，他们身处其中，从小在网络上打游戏、看动画片、视频聊天，在网络娱乐中分泌多巴胺的快感让他们沉迷，获得一种心理的满足感和平衡感。这也是网络特性与大学生对新事物、新知识反应迅速的心理特征相匹配的结果，可如果过度使用就会出现网络沉迷问题，产生负面影响。网络游戏是网络娱乐中最具争议的应用，因为有很多大学生沉迷于网络游戏，为网络游戏而耽误了学业、前程。

5. 价值心理

社会心理学认为，为了使自己的人生具有价值，获得明确的自我价值感，大学生既需要了解别人，也需要通过别人了解自己，需要爱与被爱，需要归属与依赖，需要有机会显示自己的优势，需要有展示自我的机会。这些需求都需要大学生在人际交往中实现。大学生的思想较为活跃，个性较为独特，他们渴望友谊、渴望理解与支持。而网络的空间跨越特性则为大学生创造了最为便利的条件。在网络中，原本陌生的人因为某些兴趣，产生了某些情愫，通过交流、相见产生情感，得到支持与理解，随后便会在主观上产生一种自信、自尊与自我稳定的感受。

6. 情感表达心理

一种潜藏在大学生内心深处的极为深刻的上网动机，即通过网络的多重社交、地位平等等特性寻求兴趣相投的社群与结交朋友，表达自己的观点、见解与感受，得到互相关心、互相理解和互相尊重的满足感，弥补现实生活中无法满足的情感交流。

三、大学生网络心理素养的教育目标

网络心理素养是指在网络化背景下个体固有的个性与成长过程中受到外界因素影响而形成的心理素养的总称[①]，是飞速发展的信息技术、个体先天特性以及后天成长环境因素相结合的产物，是个体在网络环境中综合素质的表现。当代大学生个性鲜明，从小与网络技术共同成长，表现出自我意识强烈、包容性广泛等心理素养特点。网络成为大学生学习与生活的重要组成部分，对大学生的身心健康也产生了重大影响。大学生网络心理素养即养成网络安全意识和健康网络心理，如何发挥网络积极的心理效应，控制和减少其消极作用，是大学生网络心理素养教育所面临的一个重大考验。

大学阶段是学生“三观”形成的重要阶段，此阶段的学生初入象牙塔“小社会”，心智不够成熟，性格不够稳定，生活经验不够丰富，极易受到外界社会环境的影响。而网络的复杂性既给大学生的生活与学习带来了无限便利，也有可能导致他们的思维模式和心理状态发生改变，呈现出新的特点。在网络环境的影响下，面对过载的信息量，心理发展尚未成熟的大学生面临着对庞大信息的选择和判断，他们尚未稳定的价值观会被转移或放大，进而对他们的身心发展造成深远的影响。因此，在这样的环境下，加强大学生网络心理素养的教育成为时代要求和完成高等教育的目标、实现立德树人宗旨的必然要求。目前，网络技术与心理素养教育的融合，还是仅停留在把网络当成心理素养教育的一种手段或工具上。[②]但网络心理素养教育并不是网络和心理素养

---

① 陆育蕾．大学生网络心理素质教育创新探析[J]. 湖南城市学院学报（自然科学版），2016，25(6)：241-242.

② 徐科技．关于高校网络心理健康教育体系的反思[J]. 科教文汇（下旬刊），2021(12)：178-180.

教育的简单叠加，网络的特性决定了其包含环境营造、资源整合、内容多重、系统复杂等多种功能。[①] 在当前背景下，传统的心理素养教育已无法满足网络时代的需求，必须根据新形势改革和创新网络心理素养教育。

1. 培养大学生成为网络心理素养教育的主体

由于目前还没有较有效的监管途径约束匿名网民的言行，很多大学生在网络中的不良行为因此被释放。基于此，对大学生进行网络心理素养教育，要坚持以生为本。大学生不只是网络心理素养教育的对象，也是对提升网络心理素养有需求的主体。我们要通过构建全方位的网络心理育人环境，强化大学生作为网络原住民的主人翁意识，使其主动适应持续变化、不断更新、纷繁复杂的网络世界，不断提高自身的应变能力，不断延展自身的思维边界，积极提升接受新事物、新知识和新技能的能力，既能自助助人，也能助人互助，从而能够主动积极地面对网络心理问题。

2. 帮助大学生树立健康的网络心理意识

当代大学生是与网络技术共同成长的，他们在使用网络的过程中，更注重网络所带来的愉悦感与轻松感，容易被网络中丰富的信息内容和娱乐形式吸引，从而忽略网络给自身身心健康带来的不良影响，缺乏对网络与现实社会道德冲击的深刻思考。因此，在对大学生开展网络心理素养教育时，要对教育方法进行不断革新，跟上网络技术发展的步伐，跟上大学生身心发展的节奏，引导他们充分形成个人信息安全意识、文化安全意识（意识形态安全）、网络技术安全意识，树立健康正确的网络意识，形成敏锐的政治观察力和网络信息鉴别能力，认清虚拟的网络世界与现实社会的关系，主动辨别网络的利与弊，有选择地浏览有益信息，学习有用知识，自觉抵制网络不良信息，自觉树立健康的网络心理意识。

3. 提升大学生的新媒体技能和网络素养

一些大学生沉溺于网上聊天、电子游戏，除了网络本身的吸引力外，一个重要的原因是大学生没有真正掌握网络新媒体技术及其功能，仅能停留在使用较易上手的网络功能层面。因此，要加强大学生新媒体技能的教育，让大学生全面了解网络，如学会编程、下载文献、视频制作、PS 等功能，从而使他们自觉地将网络当作学习的工具，减少游戏娱乐的时间。同时要鼓励他们积极掌握网络心理的知识，能够针对网络环境及网络对人的影响，有效进行网络心理调适；引导他们理性认识网络垃圾信息、网络

---

① 姜巧玲，胡凯．我国网络心理健康教育研究概况及展望[J]. 学术探索，2011(6)：134-137.

成瘾等网络危害，并学会一些防范技能。要用网络道德素养、网络安全素养规范大学生的网络行为，促使他们从道德他律走向自律，共同营造风清气正的网络环境。

第二节　网络心理素养教育探析

案例一：长期沉迷网络危害身体健康

【案例描述】

王刚出生于1980年，父亲王道洪是一所小学的民办教师，母亲孙国香在家里务农，一家人的生活并不富裕。作为家里唯一的儿子，王刚的出生，注定承载着这个家庭很大的希望。王道洪教书十几年，迟迟不能转正，收入并不高，但作为一名教师，他十分重视儿子的教育，平日里对儿子严格管教，尤其学习抓得很紧。王刚也没有辜负父母的期望，小升初考试时，他在全县2000多名学生中取得第3名的好成绩，如愿考入市里最好的高中天门中学。高二那年，王刚忽然迷上了电子游戏，并逐步发展到逃学、旷课的程度，经过学校老师和家长双方努力，王刚在高考前夕集中精力备考，终于考入了武汉化工学院（现为武汉工程大学）精细化工专业。大二时，王刚开始沉迷在游戏世界里，频频旷课，成绩直线下降，辅导员多次提醒王刚无果后通知家长。王刚当面向老师和家长承诺：一定痛改前非，好好学习。但是，此后的他依旧在网络中沉迷。

大学四年学业结束，王刚因挂科无法取得本科毕业证和学位证，回家后不久返回武汉找工作。2001年8月28日，王刚给母亲孙国香打了一个电话："已到武汉，很好，请妈妈放心。"此后10年，王刚人间蒸发，没有任何信息。

返回武汉后，王刚在虎泉周边一家网吧找到了工作，2008年6月一个名为《地下城与勇士》的网络游戏开始出现，王刚主攻这个游戏，以练装备并通过一个名为5173的游戏交易平台出售等方式挣钱，后来王刚完全陷入了这个游戏。长时间高强度的身体负荷、黑白颠倒的生活习性，加上网吧恶劣的环境，王刚突然开始不停地咳嗽，他只抽空去虎泉医院看了一次病。几年时间下来，王刚练出了5个55级（最高级别为60级）以上的账号，每天去升级、打装备。但随着时间的流逝，王刚的身体出了问题，体弱多病，止不住地咳嗽。2011年5月6日，王刚身体极其虚弱，躺在沙发上不能动弹。网吧负责人李某拨通了派出所的电话，民警急忙联系家属，把王刚送到了当地的

救助站。

10年之后的2011年，当王刚父母再次见到儿子时，却发现儿子瘦骨嶙峋，脸色惨白，鼻腔中插着氧气管，已经病入膏肓。王刚的父母当场失声痛哭，王道洪又急又气，质问道："游戏有什么好的，你连命都不要了？"王刚转了转眼珠，用低沉的声音回答道："爸爸，你不懂。"2011年5月15日晚10点53分，王刚在病痛的折磨下去世。母亲孙国香抱着儿子的遗体痛哭不止，父亲王道洪两眼空洞，咬着牙悲叹道："都是网络游戏害了我的儿子啊！"

【案例分析】

这是一起大学生沉迷网络的典型案例，案例中的王刚自小聪慧，学习成绩优秀，沉迷网络后学习成绩直线下降，挂科科目太多导致无法获得学位证书和毕业证书，最后由于长时间高强度的身体负荷、黑白颠倒的生活习性，不幸染病去世。沉迷网络，会出现视力下降、食欲不振、记忆力减退等症状。大脑中枢神经系统长时间处于高度兴奋状态，会引起肾上腺素水平异常增高、血压升高，使免疫功能降低而导致种种疾病，严重损害身体和心理健康。网络世界具有多元化的特点，给大学生带来了各种各样的娱乐方式，满足其需求，但同时给他们带来了比较多的糟粕和垃圾信息。

虚拟的网络使大学生逐渐产生了网络心理方面的问题，影响了心理健康成长与和谐发展。有的大学生沉迷于网络，以至于在虚无缥缈的世界里难以自拔，对现实的学习和生活缺乏兴趣。这对于大学生人格的建立有着极大的影响。因此，对大学生进行教育和引导，帮助他们树立正确的世界观、人生观和价值观是非常重要的。对大学生进行理想、道德、理性和诚信等方面的教育，既是高校精神文明建设的要求，也是网络素养培育的重要内容。因此，加大网络素养培育工作力度，提高大学生网络素养，引导大学生正确认识网络，正确运用网络资源，提高自身网络心理素质有着极其重要的意义。

案例二：利用网络平台成功缓解网民心理问题

【案例描述】

2020年1月，沪上公益组织搭起了网络平台，聚集了大江南北的志愿者提供免费心理援助，为抗击疫情开展了一次"线上逆行"活动。28岁的武汉小伙小金（化名）面对武汉疫情非常害怕，在刚刚进入心理援助平台的微信群时，显得比较激动、脾气暴躁。小金说，自己最近有一些呼吸困难的感觉，没有发热，害怕自己感染上了新冠肺炎，怕得晚上睡不着觉。为小金提供心理援助的曾文婷说，通过平台与小金建立起联系时是北京时间1月25日的晚上10点多，而她正在西班牙访学，当地时间是下午3点多，正好能在坐车途中抽出时间来交流。

小金告诉曾文婷，他现在非常害怕。他开始不敢出门，曾经连着几个晚上打120，希望救护车来把他送到医院。但打通的几次，对方都说他这样的症状没法判断是感染新冠病毒，无法安排。后来他去过医院好几次，终于排队拍上了肺部CT，证实并没有感染新冠肺炎，但回来后他又产生了新的恐慌——医院里有很多咳嗽的人，他害怕自己在那里已被感染。

“他还告诉我，他的母亲是个肿瘤病人，他担心自己感染后会传染给她。他感觉到自己的精神状态不好，又怕患上了心理疾病。多重焦虑困扰着他。”曾文婷说。她告诉小金，试着接纳已经发生的一切，把更多的注意力放到做好自我隔离、自我保护上。比如，可以在房间里做一些运动，提高自身的免疫力。沟通了三个多小时之后，小金的焦虑有了明显的缓解。交流中，曾文婷觉得小金其实是一个非常懂得感恩也很乐观的人，只是在特殊的环境里，出于本能的求生渴望，遇到了心理危机。她由此鼓励小金也做一个“线上逆行者”，在朋友圈里、在微信群里告诉亲友保持信心，不要恐慌，让自己成为身边人中的一道光。小金非常乐意地答应了。

【案件分析】

这是一起在利用网络进行心理咨询的案例，案例中的小金，在疫情发生后非常恐慌，害怕自己感染了新冠肺炎，害怕患上了心理疾病，多重焦虑导致小金失眠。在不方便进行线下心理咨询的情况下，小金通过网络平台和沪上公益组织的志愿者进行心理咨询，及时得到了志愿者的帮助，情绪得到有效缓解。

大学生常常因为环境改变和情感受挫出现各种心理问题，现代信息技术的发展促进了网络心理咨询的兴起，使心理咨询资源获取更便捷、咨询形式更多样、咨询服务更广泛、资料管理更科学高效。目前，可以通过心理咨询诊室、网络心理健康咨询平台等多种途径进行心理健康咨询，在网络心理健康咨询平台可以匿名咨询生活中的各种问题，还能通过网络心理健康咨询平台学习更多有关心理健康的知识。网络心理健康咨询平台更具隐私性、便利性等特性，所以更受大学生的喜爱，为大学生的学习工作生活提供了便利条件。

新修订的《中华人民共和国未成年人保护法》正式实施。该法新增“网络保护”专章，首次明确规定“国家、社会、学校和家庭应当加强未成年人网络素养宣传教育，

培养和提高未成年人的网络素养，增强未成年人科学、文明、安全、合理使用网络的意识和能力”。网络给人们提供了许多便利，网上的大千世界内容丰富、无奇不有，大学生要有选择地去访问网站，选择能够拓宽自己思维、开阔自己视野的网络信息，合理安排上网时间，遵守网络道德的要求，强化法制意识和网络责任感，自觉抵制网络中不良信息的侵蚀，树立科学健康的人生观。

第三节　网络心理素养提升策略

学者埃瑟·戴森曾指出：“网络比大多数环境拥有较少的普遍规则，也较少需要这样的规则，它更多地信赖于每个公民的判断和积极参与。”①也就是说，由于网络的匿名性、隐蔽性和开放性，虽然在党的十八大以来，国家陆续出台了《网络安全法》《互联网新闻信息服务管理规定》等与互联网有关的法律法规近百部，但目前对于网络行为的实时监控仍存在一定的局限性，一个人在网络中是否遵守道德规范，既不易被察觉，也不易受到监督和制约。因此，人们在网络环境中的言行还需要充分发挥自我道德意识，实现自我约束。而青年大学生作为网络原住民，对网络具有较强的依赖性，提升大学生的网络心理素养，对于将相关法律和道德规范、思想观念内化为大学生自身的内在素养，并有效地外化于大学生的言语行为显得尤为重要。

一、大学生网络心理问题的准确识别

（一）网络成瘾

网络成瘾最主要的表现是无法控制上网时间，常常无休止地上网。网络成瘾者每天花在网上的时间达8~10个小时甚至以上，且要不断增加上网时间，才能获得同等程度的快乐感与满足感。如果有一段时间（从几个小时到几天）不上网，就会变得明显的烦躁不安，出现精神颓废、萎靡不振等状况；会不可抑制地想上网，时刻担心自己会因为没上网而错过什么，甚至做梦也是关于网络的；上网频率总是比事先计划的要高，上网时间总是比自己预想的要长；虽然有想要缩短上网时间的想法，但总是不能成功；上网导致自己的社会交往、学习与生活等社会功能受到严重影响。网络成瘾的

① 埃瑟·戴森．2.0.版——数字化时代的生活设计[M]．胡泳，范海燕，译．海口：海南出版社，1998：18.

表现形式包括网络游戏成瘾、网络交际成瘾、网络色情成瘾、强迫信息收集成瘾、网络技术成瘾等。当代大学生从小开始使用网络，对网络的基本使用技巧掌握得较好。在上大学之前，他们长期受到父母及初高中学校较严格的约束，网络使用时间较少，但是在大学阶段，校园生活拥有较多的课余时间，课余生活的安排较为自由，使用网络的时间与机会较多，对网络的使用容易形成无节制状态。有研究显示，我国大学生网络成瘾总发生率为10.7%，[①] 网络成瘾严重影响了大学生的人际关系、工作学习、生理和人格等社会功能。大学生应该学会停止没完没了地查看电子设备；设置上网时间，明确上网目的；在学习时，或与家人、同学聚餐时，关闭网络设备，加强与人面对面的沟通。

（二）网络犯罪

网络犯罪是一种以网络为犯罪基础，危害社会利益、社会安全的行为。目前，网络犯罪是我国第一大犯罪类型，网络犯罪由于认定标准模糊，取证困难，且不受时间和空间的限制，呈现出国际化、组织化和集团化的趋势，造成的损失难以弥补，也因此成为刑事司法部门急于攻破的难题。网络犯罪的种类主要有：①利用网络进行虚假营销，误导客户；②利用网络侵犯他人财产安全，实行诈骗；③利用网络传播计算机网络病毒；④利用网络散布反动言论，危害国家统治安全，造成意识形态问题；⑤利用网络传播色情信息，造成不良的社会影响；⑥利用网络参与赌博，甚至诱导现实中的盗窃、抢劫；⑦利用网络销售违禁物品，如毒品、枪支、珍稀动物等，获取非法收益；⑧加入“网络水军”犯罪团体，严重破坏网络信息安全和网络秩序。大学生熟悉网络应用操作，明辨.是非能力较差，社会经验不足，网络道德不健全，往往容易被反动分子利用，成为网络犯罪的主力。大学生应熟知网络犯罪的种类，提高网络法制意识，进行自我约束，将网络犯罪动机扼杀在萌芽状态。

（三）网络孤独

网络孤独主要是指希望通过网络大量信息、网络娱乐和网络人际来改变自己或获得满足感，但网络并不能解除孤独，甚至有可能加重原有的孤独，并因此引发孤独感等一系列不良心理状况。当大学生在现实社会中遭遇矛盾与冲突时，网络便成为部分学生首选的“避风港”。他们在网络中逃避现实，追求自我解脱。他们在网络中无所

① 刘奕蔓，李丽，马瑜，等.中国大学生网络成瘾发生率的Meta分析[J].中国循证医学杂志，2021，21(1).

畏惧地表达自己的情感，充分展现自我，寻求志同道合之人的理解与肯定，这或许能让他们心理状况得到暂时的缓解，但是现实中的问题并没有解决，离开网络后内心的孤独感依然存在，强烈的心理落差还可能使他们产生更严重的心理孤独。人与人的交往中 80% 的信息是通过非语言（如表情、姿势等）的方式进行传达的，长期的人机对话使他们趋向孤立、冷漠和社会化，形成孤僻和反社会的人格。一旦在网络中遭遇较大的挫折，发生激烈的情绪波动，他们在网络中的行为可能失控，借用网络对他人实施诽谤和伤害，宣泄对他人、社会和国家的不满，从而成为网络犯罪行为产生的重要根源。大学生应该珍惜身边的家人、同学与朋友，重视现实生活中的人际交往，勇于直面问题，并想办法解决问题，而不是一味地回避，让自己陷入无限循环的无底洞。

（四）网络心理障碍

网络心理障碍是过度上网引起的心理疾病，包括三方面的内容：一是上网者的心理或行为偏离了社会公认的规范或适宜的行为方式，表现为心理或行为上的失常或反常、失调或无序；二是上网者的社会价值观与现实社会价值观错位；三是上网者适应环境能力缺失，社会适应能力低下。① 网络心理障碍主要有以下几种情况。

1. 认知过程障碍

认知过程障碍包括感知觉障碍（因长时间激烈的网络娱乐而产生的幻觉）、注意障碍（对网上图片、游戏等信息过分注意而表现出的过高的警觉性以及注意涣散、注意迟钝、注意力难以集中等表现）、记忆障碍（指因大脑的记忆力得不到充分锻炼而出现的记忆力减退症状）、思维障碍（指思维僵化，自学能力和语言表达能力差）。

2. 情感过程障碍

情感过程障碍主要包括病理性优势心境和情感反应障碍。病理性优势心境是指某种病态心境笼罩着整个人。当上网者在游戏中获胜时所表现的一段时间的情绪异常高涨，称为病理性愉快心境；而游戏长时间不能胜利所表现的异常持续性心境不佳，称为病理性情绪低落。

3. 意志行为障碍

意志行为障碍主要包括意志增强（长时间在网络游戏中企图用各种方法取胜过关

① 韩延明．大学生心理健康教育[M]．上海：华东师范大学出版社，2007(7)：227.

的变态意志）、意志减退（在上课和学习时情绪低落，对学习不感兴趣甚至产生厌恶）、意志缺乏（对除了网络以外的任何活动缺乏动机）。

4. 人格障碍

人格障碍是指在没有认知或智力障碍的情况下，人格明显偏离正常，主要分为反社会型人格和依赖型人格。反社会型人格以行为不符合现实社会规范为特点，对自己的行为不负责任，对他人的感受漠不关心；依赖型人格以过分依赖网络为特点，过分顺从他人的意志，能容忍他人安排自己的生活。大学生处于人格塑造的关键时期，网络上不健康的信息极易侵蚀大学生原已形成的道德观、价值观和文化观，使其陷入泥潭而不能自拔，造成其行为与现实社会规范相背离。大学生应学会分析问题和解决问题的科学方法，明辨是非，增强抵御网络环境负面影响的能力；学会把自己的注意力从消极上网转移到积极的大学生活中来。

二、严守网络行为规范

（一）了解网络行为规范相关法制法规

完善的法律法规是约束大学生网络行为的关键，而规范的网络行为是维护大学生网络心理健康的重要途径。自党的十九大以来，“加强互联网内容建设，建立网络综合治理体系，营造清朗的网络空间”成为我们党对加强网络空间治理的总体要求。2021年11月19日上午，首届中国网络文明大会在京开幕。习近平总书记指出，网络文明是新形势下社会文明的重要内容，是建设网络强国的重要领域。国家对网络环境的建设越来越重视，对于网络相关法律法规的完善及其监督作用的需求也越来越急迫，相继颁布了《国家安全法》《中华人民共和国电子签名法》《中华人民共和国保守国家秘密法》《互联网信息服务管理办法》等一系列法律法规。大学生法律意识的缺乏正是诱发网络犯罪行为的核心要素，而网络社会的虚拟性会在一定程度上进一步弱化大学生的法律意识，造成大学生在网络环境中自律意识缺失。此外，许多大学生对网络违法犯罪的危害性认识不足，将很多网络犯罪行为视为智力游戏或技术上的挑战。大学生要明确网络环境中同样存在法律规范和道德标准，认清自己在国家社会法治化进程中的责任与义务，自觉加强对网络相关法律的学习，提升法律意识；要切实认识网络不良行为的严重危害，主动做到知法、懂法、守法；同时要熟知学校学生行为准则与规范，明确学校禁止的不当高校学生网络行为，以及相应的违纪行为处理措施；还要明确学生网络违纪行为的边界，即哪些行为可以鉴定为违法、违纪行为并应依据规章制

度处理，哪些行为需给予批评教育，从而对法律法规产生敬畏心理而规范自己的网络行为。

（二）树立网络行为自律意识

习近平总书记提出国家网络安全要坚持网络安全为人民、网络安全靠人民。大学生作为网络社会的主力军，要树立遵守网络行为规范的意识，为网络行为规范营造良好的文化氛围和道德风尚。首先，大学生要在明确网络行为规范相关法律法规和校纪校规的基础上，以道德理性来约束和规范自己的行为。不能因为网络的隐蔽性而随心所欲、忘记规范的行为准则。其次，大学生要树立自主意识，以正确的价值观为指导，擅于在网络信息中明辨是非，不去做无事生非的“键盘侠”；要进一步增加知识储备，用科学的知识预防良莠不齐的网络信息的轰炸，避免因从众心理导致行为违规；要具备较强的对网络陷阱的识别能力，能够采取有效措施维护自己在网络社会中的合法权益以及维护国家安全。最后，大学生要能够判断哪些是伤害他人的行为，不利用网络做出伤害别人的言行（很多网络媒体为片面追求时效、轰动效应、关注量，未核实新闻的真实性即进行发布转载，进一步扩大了虚假新闻的传播，造成了恶劣的社会影响，而很多网民在没有官方媒体证实的前提下，就跟随着这些网络媒体的舆论导向，加入“口水军”发布过激言论，使得当事人受到“网暴”，对其造成巨大的身心伤害）；要尊重网络知识产权，不使用盗版资源；要尊重他人隐私，不窥探别人的文件信息；要不断提高自己对网络信息的鉴别能力，坚定意识形态不动摇；要加强个人信息的保护，防止隐私泄露。

三、网络心理自我调适技能的熟练掌握

（一）正确认识网络社会，提高网络认知能力

网络认知能力是指网络主体对网络与人、网络与社会关系的认知能力和水平。网络认知水平是合理使用、利用网络的前提和基础，首先，大学生要全面、辩证地认识网络。大学生要明确网络给人类社会的进步与发展带来了巨大的变革和强大的推动力，也带来了不少的挑战和困惑。对待网络大学生要趋利避害，积极面对。其次，大学生要全面学习网络知识和技术，通过学习网络科学知识，掌握网络技术，推动自身科学地认识网络，从而理解网络的基本内涵、网络的特殊属性、网络的工作原理以及网络存在的缺陷和不足，从而正确辨别网络信息的真伪，令网络信息服务于工作生活。最

后，大学生还要提高网络自觉意识，提高对网络的驾驭能力，克服网络不良信息的影响，坚持以客观辩证的态度对其进行理性甄别；面对复杂的网络舆情，要独立判断，客观准确地表达见解，不盲目跟风，同时要勇于承担网络舆情监督责任，共同维护良好的网络环境。

（二）培养健康的网络情感，养成良好的网络行为习惯

网络情感是人们对于使用网络的一种内心体验、感受和情绪。大学生热衷于网络人际交往，喜欢文字聊天、网恋等，缺乏现实生活中与人的情感交流，现实的情感逐渐转向虚拟的网络世界，容易造成社会情感发展的单薄。大学生要以谨慎的态度面对虚拟的情缘，培养和完善个人优良的人格特质，如宽容礼让、坦诚正直、冷静从容等，学会人际交往的技巧，建立良好的亲人关系、同学关系、师生关系等现实社交关系，准确把握网络交往与现实交往的整合，预防情感异化；同时要培养高雅的网络情趣，以高雅的格调和较高的审美能力对待网络中千差万别的丰富的信息，不使用低俗的言语、不观看庸俗的信息、不传播谣言。大学生还要充分发挥主观能动性，发挥“慎独”精神，做好自我教育、自我管理、自我发展的内功，做到自觉遵守法律法规和道德规范，自觉接受和内化社会主义核心价值观教育，形成良好的上网习惯。良好的上网习惯不仅体现了良好的心理习惯，也体现了良好的行为习惯和道德习惯。良好的心理习惯主要指上网心理需求、动机、兴趣、信念、理想和网络观；良好的行为习惯主要指上网时间、频率以及各种安排遵循合理的规律；良好的道德习惯则是指大学生遵从善恶标准，为自己树立起坚固的“网络防火墙”。

（三）形成正确的网络价值观，树立切实可行的奋斗目标

优秀的网络心理自我调节能力是确保大学生价值取向正确的基础，[①] 而正确的价值取向也促进了大学生自我调节能力的提高。大学生在“三观”还没有完全成熟的时期，已经身处网络社会，并对网络技术产生了一定的依赖。大学生应对网络保持良好的心态和正确的认知，从而形成正确、健全的网络价值观；要随时保持虚拟与现实的统一，将他人、网络和社会相融合；要重视现实生活中的人际交往，能够头脑清晰地、恰当地处理社会和网络上的人际关系，将两个不同世界区分开来。大学生要树立远大的理想、明确的人生方向，最大限度地激发学习潜能。网络为大学生的学习生活提供了极

---

① 程雪娇．探析大学生网络心理问题及其在教学中的教育对策研究[J]．山西青年， 2021(18)：179-180.

大的便利与丰富的资源，大学生必须根据自己的实际情况制定切实可行的奋斗目标，合理地安排自己的课余生活，才能准确地找到自己前进的方向，避免陷入网络不良信息的“无底洞”。

第八章　大学生网络文化素养

第一节　网络文化素养及其产生

21 世纪是网络信息的时代，蓬勃兴起的计算机网络系统是人类历史上信息技术的又一重大变革。而伴随全球经济一体化的到来，全球化的生存理念必将冲击多元文化和多元世界，给人类社会带来巨大而深远的影响，成为推动历史发展的重要力量。有学者认为，文化建构价值观，人的价值意识（包括心理与价值观念）全部来源于一个有价值有意义的文化世界，是由文化世界教化建构发展起来的，除此以外无其他。大学生作为具有较高文化层次的特殊群体，无疑是受网络影响深、广的群体之一。在这种社会背景下，网络文化的产生和发展必然给高校思想政治教育带来前所未有的严峻挑战，特别是对大学生网络文化素养提出更高的要求。“互联网 +”显示出的开放性、全球性、虚拟性、身份的不确定性、非中心化与平等性等特征，阻碍了大学生良好的网络文化素养的形成。加强大学生网络文化素养的培育，需要在充分认识网络文化以及网络文化素养的基础上，直面大学生网络文化素养现状，解决大学生在网络言语、网络行为、网络思维、网络价值观四个方面存在的问题，携手构建风清气正的网络环境。

一、什么是网络文化：国际与国内视角

关于网络文化的定义众说纷纭，尚未有一致的看法。大部分观点认为，网络文化是指人们以网络技术为手段，以数字形式为载体，以网络资源为依托，在从事网络活动时所创造的一种全新形式的文化。总体来说，网络文化包含物质、制度、精神三个

层面的内容。具体来看，网络文化不但涉及系统资源、信息技术方面的内容，也包括社会道德准则 / 规范、国家相关法律制度，更重要的是还涉及人们在开展网络活动时的价值取向、审美情趣、道德观念、社会心理等。随着移动通信技术的发展，5G 时代来临，人们都能深刻地体会到移动网络的发展对生活产生的巨大影响。①

在网络空间形成的文化活动、文化方式、文化产品、文化观念等都是网络文化。网络文化是现实社会文化的延伸和多样化展现，同时形成了其自身独特的文化行为特征、文化产品特色及价值观念和思维方式的特点。②从广义上来讲，网络文化属于意识形态的范畴，只是与传统的意识形态的传播方式有所不同，这种意识形态的传播借助网络这个平台，传播的范围更广，传播程度更深，影响也更大。

（一）网络文化的功能

网络文化是新兴技术与文化内容的综合体，单纯强调任何一个方面都是不妥当的。一种是从网络的角度看文化，另一种则是从文化的角度看网络。前者强调从网络的技术性特点切入，突出由技术变革所导致的文化范式变迁。而后者则主要从文化的特性出发，强调由网络内容的文化属性所引发的文化范式转型。网络文化具有属于自己的特点，不同的特点将呈现不同的功能，掌握网络文化的特征与功能，可以更好地理解网络文化、网民，从而进行干预和影响。

1. 导向性功能

网络文化是一种开放、自由的互动文化。网络思想教育是伴随着网络技术水平日益提高和网络文化的深入发展而产生的一种新生事物，是一种新的认识工具与教育手段。它对于加强教育者与广大受众的互动教育具有引导作用。网络文化传播的途径主要是潜移默化的暗示、因势适时的导向和循规蹈矩的规范。在网络环境中传播的政治、经济、科技、文化等方面的信息，对人们的思想道德、价值观念、行为方式的形成与发展具有一定的导向作用。

一是具有指向性，体现为：内容指向是明确具体的，它反映在广大受众的理想信念、价值观念、奋斗目标、行为规范等领域；价值指向是明确的，它体现为理想价值指向、思想价值指向、政治价值指向、利益价值指向都有着相对确定的标准，从而使

---

① 宋元林，陈春萍 . 网络文化与大学生思想政治教育 [M]. 长沙：湖南人民出版社 2006：132-145.

② 陈晋文 . 网络文化对大学生“三观”建构的影响分析与对策思考 [C].// 北京市高等教育学会 . 着力提高高等教育质量，努力增强高校创新与服务能力——北京市高等教育学会 2007 年学术年会论文集（上册）. 北京：北京市高等教育学会，2008：429-435.

受众认同、规范自己的行为。

二是具有目的性。托夫勒曾说："谁掌握了信息，控制了网络，谁就将拥有整个世界。"网络文化渗透的是一种文化价值观，冲击着另一种文化价值观。它告诉受众价值观的目标和标准，并要求受众按照这些内容和标准去实践，从而使自我在实践中接受这些价值观。

三是具有稳定性。稳定性是导向功能指向性与目的性合乎逻辑的发展。一旦出现政治、经济、文化的理想、格局、思潮，便会成为人们理想的追求，一旦形成比较完善的价值形态，便会成为人们固守、推广或完善的理念。

2. 承传性功能

文化产生于人的社会生活和社会生产，又对人类社会生产和社会生活产生影响。网络对于文化的传播起着承上启下的作用。

一是网络具有更好地保存、传递文化的价值。在人类历史上，生产工具的发明对社会发展起着重要的作用，它创造着人类文明，推动着文化的发展。印刷术尤其是印刷机的发明，引发了人类文明史上第一次信息技术革命，使人类信息的交流发生了质的飞跃。正如英国学者赫・乔韦尔斯所说："随着文字的创造，人类的传统能够变得更加丰富、更加准确。……相隔千百英里的人们能相互沟通思想了。越来越多的人开始分享共同的书面知识和对过去及未来的共同之感。人类的思想变得能在广大的范围内发生作用，千百个头脑在不同的地点和不同的时代能相互引起反应，它成了一个更加持续不断、更加持久的过程。"同样 ，印刷机发明以后，这种飞跃对人类传统的一切方面产生了巨大的冲击力，改变了社会，改变了文化，改变了人类的历史进程，使人类社会从农业社会进入工业社会，进入文明时代。人类进入 20 世纪以来，计算机与通信的结合，信息高速公路与多媒体技不断发展引发了第二次信息技术革命。计算机实现了信息数字化的突破，所有信息都可以用"0"和"1"这两个数字来表示，从而使信息的载体和传输介质发生了质的飞跃。电子信息交流的出现，网络化数字化信息环境的加速形成，使人类社会从工业社会跃进信息社会。"书面文字不仅不再是储存和传递信息的唯一方式，而且不是最好的方式。目前这一代计算机已经能够在较小的空间储存大量资料，能够比任何时代的印刷品更迅速、更可靠地传递资料。下一代计算机将更为迅速、更为轻便，成本更加低廉，可靠性更好。"这种前景和现状强化了文化的传递、保存功能。文化中的思想、道德、习俗、信仰等在人类社会的进步过程中日益丰富，完整地将其保存和传递，传统的手段与方式已显得捉襟见肘，呼唤更新的科学

手段，应运而生的网络文化以其自身鲜明的特征，对传统的文化传播方式、语言表达方式、知识存储方式都产生了极大的冲击。

二是网络具有选择文化的价值。文化诞生伊始就呈多元分布，文化多元不仅表现在区域上，而且表现在每一区域每一集团文化内部的主文化与亚文化之别上。各种文化在思想意识、道德观念和行为习惯上都有自己的特征。网络文化的形成和交流与其他文化一 样，必须从其他文化中汲取一些成分，丰富和壮大自己。文化是随着人类物质生产的进步和文化保存手段的改进而发展和日益丰富的，文化中既有与时代要求一致并能推进时代进步的成分，也有由于时代的进步而变得陈腐的内容。即使是符合时代要求的文化成分也是十分浩大和复杂的，是任何一个具体的个人都无法全部吸收和掌握的。

文化本身的性质和人类保存、传递文化的有限性，决定了人类保存和传递文化必然具有选择性。人们在网络文化中总是从自己的需要出发对文化进行选择、保存和传递。选择的标准是以自身的需要为基础的。网络文化的选择也意味着文化排斥，即排除陈旧的、过时的或与时代要求相悖的、有害的文化要素，淘汰一切无用的内容，批判有害的文化要素，澄清文化方向。文化的选择功能具有优化文化保存、传递的功用。

三是网络具有创造新文化的价值。网络文化是一种自由开放、平等的个性化文化，网络的文化创造价值在于随着时代的发展、科技的进步提出新的思想观点和道德要求，形成价值观念和行为习惯。网络文化是通过自己的活动表现文化的创造价值的。网络文化的创造性和自主性密切相连，自主性使用户的个性得到尽情发挥，从而推动创造性的发展，培育一批创造文化的人才。网络文化发展的过程不是简单的复制，必然包含着某种程度的创新，正是这些创新推动和促进文化的创造。

3. 渗透性功能

传统的思想教育是一种内塑型模式，强调的是直接灌输，即教育目的的明确性和教育方式的直接性，明确而直接地将教育目的的相关信息传播给受教育者，明确地通过文字或语言告知受教育者应做什么、怎么做、不能做什么。网络文化对用户思想的影响是潜移默化的。网络文化的价值体系是多元一体的。它可以包容世界各国、各民族、各地区乃至任何团体与个人的价值观、道德观。网络文化的价值观与道德观相互渗透，在客观上是没有任何等级和类别标记的。（在网络环境里，用户可以在不知不觉中接收多方面的信息，也可以自觉地按照个人的理想信念去加深自己的道德认识，放纵或约束自己的道德行为，认同或净化自己的道德情感。）网络文化在思想道德教育中，一方面，信息一般并不明确、直接地表明其思想教育的目的和该做什么、不该做什么，而常常以客观、公正，甚至科学、时尚、前卫的面目出现；另一方面网络平台为人与人的交流提供了技术平台，人们在网上交往隐蔽了性别、年龄、身份，隐瞒了交往的真实主体，为随意使用网络提供了方便。网络文化对用户的影响是隐蔽的、不公开的。网络文化中的价值观、道德观是在不知不觉中渗透于用户的脑海的。

网络技术具有交互性和渗透性的特点，因而网络文化也具有交互渗透的特征，表现为：

一是交互渗透技术使网络文化的信息资源的共享性可以即时实现。交互渗透技术可以使网络文化的内容大量扩充，用户可以完全根据自己的兴趣和要求，主动选择获取信息，反馈信息。同时，网络的隐匿性、平等性使用户可以放纵情感、平等讨论，各种信息资源大量增加，从而扩充丰富了网络文化的内容。

二是交互渗透技术使网络文化受众的趋同性得到显现。网络的开放性带来受众的趋异性。但在交互渗透技术的作用下，受众的趋异性又变成了趋同性。受众一旦认同对方，趋异性就会逐渐减弱，趋同性就会得到强化。

三是交互渗透技术使网络文化的影响力大大增强。网络文化可以借助网络空间的开放体系，使其资源迅速扩容。同时，凭借网络技术的平台，用比特速度，实现时空的“穿越”，传播到世界各地。

4.教育性功能

从社会学的观点看，教育也是一种文化，它是社会赋予其成员以文化特质的过程，是主文化实现文化控制的一个有力的组织系统。这个系统实现对文化的控制，是通过文化无意识地对社会成员灌输一定的文化思想和行为，而更主要的是通过文化无意识地对社会成员进行文化渗透。网络文化与教育的关系从整体上看是双向互动的关系。一方面教育具有传递、传播、选择和促进文化变迁的重要功能，网络文化知识只有通过教育才能得到传承与完善；另一方面教育本身是一种文化存在，网络教育又必然集中体现网络文化的存在要求，其教育的每一个环节都深深打上了网络文化的烙印。在网络文化背景下，教育具有广泛性与平等性、科学性与人文性、个性化与创新性、终身性与全息性、国际性与民族性等多方面的特征。网络为受众提供了更大范围的群体环境，有助于受众广泛参与社会文化。网络文化全方位、自由、开放、多层次的信息传播为受众提供了更方便且范围更大的社会交往机会，拓展了受众生活的社会环境。网络的方便快捷加快了受众对现代科学知识和生活经验的了解与掌握，极大地丰富了

教育的内容，拓宽了教育的渠道。受众通过网络文化的传播了解世界各地的文化传统、最先进的科学文化知识、丰富多彩的文学艺术，认识多元文化所组成的多元世界，潜移默化中接受新的价值观和文化模式。美国实用主义文化社会学家杜威在谈到教育的时候说："一切教育都是通过个人参与人类社会意识而进行的。这个过程几乎是在出生时在无意识中开始的。它不断地发展个人的能力，熏陶他的意识，形成他的习惯，锻炼他的思想，并激发他的感情和情绪。由于这种不知不觉的教育，个人便逐渐分享人类曾经积累下来的智慧和道德财富。他就成了一个固有文化资本的继承者。"这种无意识的文化影响比明显的有意识教育作用更大。

掌握网络文化的四种功能，可以为网络思想政治教育提供新的视角和规范标准，要承认网络的教育性和导向性，重视网络文化对青年成长发展的影响；要掌握网络的渗透性和承传性，充分发挥网络在教育、文化等领域的作用，赋予传统文化、传统精神以新的面貌和形式，更好地符合青年的接受维度。

（二）网络时代的文化冲突

网络文化是随着现代科学技术，特别是多媒体技术的发展而出现的一种现代层面的文化。就其所依附的载体来说，它是一种彻底理性化的数字文化。对于电脑来说，任何信息只有以数字的形式出现，它才能识别和处理。这就决定了任何文化若想加盟网络文化，就必须改变自己的既有形态，即变革传统的非数字文化形态。网络的发展除了技术方面对媒体和语言带来巨大冲击之外，还表现在以下几个方面。

1. 与各民族历史文化的冲突

大批高等学府和研究机构在互联网上建立了主页，国际上对历史文化的学术研究直接、便捷地呈现到读者面前。应当承认，西方学者对其他国家历史文化的研究有其独特的视角和重要的参考意义，通过互联网上的交流，也为其他国家的学者提供了极大的便利条件。但毋庸置疑，在西方思想文化界，西方中心论长期占据主导地位，西方学者的许多研究结论不仅影响着西方政界，也影响着那里的人民，从这种角度得出的研究成果，将对其他民族的历史文化研究造成巨大的冲击。

2. 价值取向上的冲突

网络传播自身体现的技术理性、工具价值在不时地动摇着人们的人文理性、目标价值，从而导致人们"宁信机、不信人"，宁愿遁入"虚拟时空"，不愿直面现实生活：人与人之间的情感关系甚至被"人机"之间的冷面"对话"异化。另外，网络传播所载送的西方文化产品和价值观念，无处不在地动摇着人们既有的生活方式、行为准则，从而造成人们价值标准的混乱和精神困惑。

3. 对负面信息的屏蔽作用减弱，“把关人”的地位受到挑战

首先，互联网没有中心控制计算机，用户的发展和使用没有限制，使得网络传播处于无序状态，这就容易为各种不法分子和敌对势力所利用。其次，目前网上绝大部分信息是以英文形式出现的，对于非英语国家和发展中国家来说，使用网络更多的是接收信息，这意味着这些国家将比以往更多地受到国外，特别是西方媒体和信息的影响，“信息霸权”对于发展中国家保护和发展民族文化形成冲击。另外，互联网上的信息传播不存在国境线，世界不同地区和国家的互联网将打破信息交流的空间限制。这样，政府意识形态管理部门对信息传播的“把关作用”的“把关人”地位和对信息传播的控制能力受到了极大挑战。

（三）网络文化与民族文化

网络文化、各民族文化之间的相互影响无疑将迅速扩大。一方面，各民族文化在冲突和融合中，统一性和共通性不断增强；另一方面，对于以信息接收为主的非英语国家来说，面临着美国主导的西方文化对本国民族文化的冲击、保护本国民族文化的重任。民葛洛庞帝曾说：“在互联网络上没有地域性和民族性，英语将成为标准。”明白人一听就知道，他的意思是说只有以美国为代表的文化才具有世界性。这样的话对于每一个热爱自己国家传统文化的人来说，都会对他的自尊心造成伤害。但令人沮丧的是，互联网络上 90% 以上的信息都是英文信息。阿尔温·托夫勒在《权力的转移》中说：“世界已经离开了暴力和金钱控制的时代，而未来世界政治的魔方将控制在拥有信息强权的人手里，他们会使用手中掌握的网络控制权、信息发布权，利用英语这种强大的文化语言优势，达到暴力金钱无法实现的目的。”全球信息化目前大有“全球美国化”的危险，面对美国强大的文化殖民攻势，各非英语国家都坐不住了，纷纷采取各种策略和措施对本国民族文化进行保护。

1997 年以来，欧洲的德国、荷兰都在进行德语网络的研究，试图将德文打入国际互联网络，以占有这个有无限前景的市场，同时与美国文化对抗。法国人也意识到了互联网对法国文化的侵蚀，法国司法部长雅克·图邦认为：英语占主导地位的互联网是一种“新形式的殖民主义”。图邦在《美国新闻与世界报导》中说：法语文化的生存处境危险，如果法国人不采取什么措施，就会失去机会，将被殖民化。为此，法国

人还通过一项法律，要求在法国的互联网络上进行广告宣传的文字必须译成法语。在商业上一直是美国对手的日本，也不甘心本国文字被淹没在茫茫的英文信息里。他们正在建设自己的网络环境，努力做到既参与世界文化的交融，又保持自己的独立性，对异己文化的骚扰说“不”。新加坡政府亦非常重视自己的民族文化，积极采取严密的防范措施以抵制来自电脑网络上的外来文化的侵袭。中华文化是一种具有悠久历史的文化，是人类文明的一个独特部分，为人类文明进步做出了辉煌的贡献。在当今的网络时代，中华文化同样面临着与其他民族文化的冲突、竞争。然而，中华文化毕竟是有着顽强生命力的文化。它虽然产生于特定的时代，却能随着时代的发展，通过调节自身或重组或顺应，以适应文化领域内的生存竞争规律。中华文化之所以能绵延数千年而不绝，除了各种其他原因以外，这种文化本身具有自组织能力，即生命力和凝聚力，不能不说是一个基本原因。

世界文化从来是多元化的，网络时代也一样。网络文化也应该是由各民族文化共同构筑的有机体，而不应该也不可能是美国文化的代名词。当网络文化到来时，对于任何一种有生命力的民族文化来说，不仅面临挑战，也获得了学习、借鉴及发扬光大的机遇。但是，价值多元也带来了观念的分歧与冲突，青少年处于价值观形成的阶段，多元的价值观念蜂拥而至，稍有不慎就会导致青少年价值观偏离轨道，走上歧路。

二、了解网络文化素养：内涵与重要意义

互联网的发展考验着大学生的网络文化素养。在当前社会经济全球化时代，互联网不仅是技术、产业和媒体，更是政治、意识形态和文化。网络快速发展的同时，出现了价值观混乱、道德失范、文化冲突等问题。高校作为社会文化的引领者，一定要坚守网络文化的价值底线，培育科学合理的网络行为规范，倡导学生掌握健康文明的网络生活方式，提升学生的网络文化素养。

（一）网络文化素养的内涵及其产生

网络文化素养培育的主要是网民在网络信息环境下必备的四项能力：一是选择多少的能力。网络时代信息纷繁复杂，如何控制信息获取的数量，避免信息超载和信息异化，就成为网络信息环境下的基础能力；二是辨别真伪的能力。在庞大的信息流当中，要学会甄别真实可靠的消息，避免错误消息的误导。三是价值取向的能力。一切信息背后都有价值观的指导，即使是真实可靠的信息，也存在多种价值观的冲突，如何在真实的基础上保证正确的价值取向，就成为网络文化素养的更高要求。四是行为

选择的能力。价值取向决定行为选择，保证正确的价值取向，最终的指向是指导行为选择。网络时代，网络文化素养成为思想政治教育的组成部分，教育学生在正确认识世界的基础上，正确融入和改造世界，是进行网络文化素养培育的导向，也是培养塑造大学生理想信念的重要一环。

（二）网络文化素养的重要性

随着网络的发展，大学生群体中网络文化素养问题日益突出。为了应对大学生网络文化素养缺失导致的问题，学者们围绕网络文化素养教育的必要性与培育路径进行了论证与研究，取得了一定的成果。哈尔滨工业大学黄峰认为网络可以作为文化素质教育的工具、场所和实践基地，可以利用网络的社会化功能，发挥其在大学生文化素质教育方面的作用。[①] 河北大学刘东岳等从网络安全角度提出明确大学生网络素养教育的内容和方式两个问题，使大学生网络素养教育服务网络文化安全建设。[②] 学者魏进平、苑帅民等在大学生网络素质教育研究中指出：大学生应掌握相应的网络知识和网络使用技能，能够通过网络进行有效的信息搜索，展开娱乐活动，也可以通过网络解决实际问题。[③] 学者叶云以金融专业为例分析了网络文化对大学生文化素养的影响。[④] 李敏提出了“互联网 +”时代大学生网络文化素养的失范与理性重构。[⑤] 吴涵梅、陈恩平等对大学生网络文化素养与校友文化、网络文化的互动进行了分析，提出了基于大学生网络文化素养的大学和谐校园建设思路。[⑥] 袁洋指出应该将网络文化素养教育融入网络课程建设。[⑦]

由此可见，网络文化素养的重要性已经逐渐显现，大学生网络文化素养亟待加强。

---

① 黄峰，冯健，孔祥钰．网络社会化对大学生文化素质教育的几点启示 [C]// 高教改革研究与实践（下册）——黑龙江省高等教育学会 2003 年学术年会论文集，2003：303-305.

② 刘东岳，高银玲．网络文化安全视角下的大学生网络媒介素养教育 [J]. 才智，2012(12)：281-282.

③ 魏进平，苑帅民，王雪，等．大学生网络素质教育研究 [J]. 河北工业大学学报（社会科学版），2012，4(1)：45-49.

④ 叶云．网络文化对大学生文化素养的影响及引导途径研究——以金融专业为例 [J]. 现代商贸工业，2015，36(2)：135-136.

⑤ 李敏．“互联网 +”时代大学生网络文化素养的失范与理性重构 [J]. 山西经济管理干部学院学报，2018，26(2)：110-113.

⑥ 吴涵梅，陈恩平，林来元，等．大学生网络文化素养与校园文化、网络文化的互动探析 [J]. 教育现代化，2016，3(36)：231-232.

⑦ 袁洋．独立学院文化素质网络课程建设的探索与实践——以南航金城学院为例 [J]. 经贸实践，2017(21)：280.

这一主题仍然有继续研究的理论需要和现实意义。网络文化素养是一种深层的教育，是互联网时代下新的教育需求，也是大学生急需掌握和加强的一种综合能力与价值观。如何开展大学生网络文化素养教育，需要社会各界共同探索。

三、新时代呼唤大学生网络文化素养教育

党的十九大审议通过了《中共中央关于制定国民经济和社会发展第十四个五年规划和二〇三五年远景目标的建议》(以下简称《建议》)。《建议》是开启全面建设社会主义现代化国家新征程、向第二个百年奋斗目标进军的纲领性文件，是今后5年乃至更长时期我国经济社会发展的行动指南。在宣布全面小康社会基本建成，正式吹响建设中国特色社会主义现代化国家的号角的时候，我们呼唤建立健全大学生网络文化素养教育，抓住网络上思政教育的挑战和机遇，将大学生培养成为新时代具备互联网素质和能力的社会主义合格建设者和可靠接班人。

(一)大学生网络文化素养教育的现状和问题

1.网络文化认识不足，基本知识片面化

大学生是使用网络普遍性和整体水平较高的群体，对网络基础知识、基本原理、技术使用、软件硬件、网络安全、网络规范等有所了解，但是掌握得不够系统、深入，比较片面，在网络学习和使用上上手比较快，但是在遇到实际需要解决的问题时，往往手足无措，没有形成关于网络完整的知识体系和结构。

大学生应该了解国家大政方针，尤其是网络信息建设方面。大学生虽然知道国家成立网络安全和信息安全办公室，但是还不能完全领会新时代网络强国战略思想的重大意义。另外，大学生生活中缺乏人生经验，对网络安全意识薄弱，对维护网络安全的法律法规知之甚少，包括对《网络安全法》的具体内容也仅仅是了解一些或说上几条，对网络域名对应哪类组织机构，也不能完全正确地回答。

2.网络文化基础薄弱，自身定位模糊化

大学生对网络媒介非常认可，能自主利用网络进行学习、社交、购物、娱乐等具体活动。这些活动既改变了大学生传统的学习生活方式，也极大地丰富了大学生的校园生活，显著地提高了大学生学习生活的质量。面对海量的网络信息我们发现，网络信息获取也成为一种竞争能力，这种能力会随着移动互联网的发展变得越来越重要，大学生能利用百度、搜狗、谷歌等搜索引擎来获取一般网络信息，但只有少数人通过

网络关注时政新闻和使用知网查询学科专业方面的信息。大学生对于专业学术站点的关注和数字数据库中大量使用功能的使用少之又少，存在能力短板和自身定位的模糊化，距离网络条件下自主学习的要求还有很大的差距。

大部分大学生利用网络打游戏，欣赏影视音乐，色情内容，进行社交、购物等，这些都属于娱乐休闲层面，把网络更多地作为娱乐工具、休闲工具而非学习工具和能力提升工具，未能充分发挥网络的学习功能。另外，面对良莠不齐的网络信息，大学生在甄别事情真伪、优劣的同时，虽然做到了不迷信、不传谣，但缺乏网络信息批判意识，极易在虚拟的网络世界迷失自己，为不良的信息所影响、误导甚至蒙蔽，导致自身学习、成长的定位逐渐模糊。

3. 积极主动参与不够，创新意识表面化

大学生普遍表现出参与网络文化建设的积极性不高，主动性不够。高校在开展网络文化建设上要占领网络阵地，传播正能量，弘扬主旋律；在营造健康清朗的网络空间上要增强师生的网络自律意识；在进行网络舆论工作的引导上，要使网络传播始终在法制轨道上健康运行，这些都需要大学生积极参与。大学生创新意识不强，创新能力有待提高，对于网络信息资源的整合和二次加工的水平需要提升。通过高校举办的网络文化节不难看出，在网络文化作品的创作方面，存在参与投稿的人数不多，作品数量少、质量不高等情况。

网络信息再加工的过程其实就是创新的过程，大学生在使用网络信息的过程中照搬过来使用的情况时常出现，这里存在主动思考不够，自我学习管理不严的问题，同样也有侵犯知识产权的问题。大学生网络道德责任意识有待提高。主流上看大学生能够遵守网络道德规范，能够在网络虚拟世界中做到自律，可以不胡乱发表不实言论，但是对于发现的网络色情、网络暴力、网络谣言等信息有时选择事不关己高高挂起，缺乏做“网络战士”的勇气。网络文化素养的失范正是其现实反映。不仅如此，他们的这种文化素养失范正在向社会的其他领域蔓延到，与社会其他存在发生关系。

（二）大学生网络文化素养教育的内容与原则

大学生网络文化素养教育的内容主要包含网络文化素养是什么、为什么、怎么做三个方面。据网络文化素养教育的内涵可知，网络文化素养教育的目标是培育大学生掌握在网络信息环境下对信息的选择、辨别、价值取向、行为选择的能力，应做到能够选择自己真正需要的信息，对信息的性质、本质有正确的辨别，能够保持正确的价

值取向，不轻易被他人“带节奏”，最后在网络上或者现实生活中做出正确的选择。大学生网络文化素养教育应该坚持以下三个原则。

1. 坚持多方合作原则

作为一项社会系统工程，实施大学生网络文化素养教育，教育家、政府相关职能部门、学生家长等相关人员和组织要高度合作。政府的政策倾斜对网络文化素养教育的开展十分重要。教育主管部门必须对网络文化素养的计划给予明确的支持，包括设置相关必修课程、负责培训相关教师以及财政支持（尤其是西部欠发达地区，更需要政府的财政支持才能把网络文化素养教育进行下去）等。

教育专家和新闻传播研究学者应加强网络文化素养教育的理论研究，厘清其概念、历史脉络、逻辑体系。在具体操作上主要解决下述几个问题：什么是网络文化素养教育？为什么要进行网络文化素养教育？网络文化素养教育教什么？该怎样教？由谁来教？怎样进行网络文化素养教育“质”和“量”的评估，等等。

家长需要配合孩子共同提高网络文化素养。例如，随着网络媒介的兴起，家长要与子女共同提高网络素养，因为如果父母没有相应的网络素养教育，他们就没有能力指导青少年正确使用互联网。还可成立一些民间团体，加入媒介网络文化素养教育事业。像日本 20 世纪 70 年代中期就由儿童与公民电视论坛等民间团体通过筹办会议、组织专题研究等形式大力倡导网络素养教育。最后，需要建立一定的组织机构来督导和协调此项工作。可由教育部门牵头，新闻、教育、文化等部门共同组成的机构，负责此项工作的组织、协调。总之，理想的大学生网络文化素养教育意味着以最佳的方式整合学生与父母、网络从业者及教师的多边关系与资源。

2. 坚持终身教育原则

终身学习 (lifelong learning) 是 20 世纪 60 年代末期形成和发展起来的一种国际性教育思想。终身学习与终身教育 (lifelong education) 的理念已成为国际教育发展与改革的主流。媒介技术迅速发展，新媒介不断产生，媒介传播的内容也千变万化，所以，网络文化素养教育信守变无止境的原则，它必须不断发展以应对随时变化的现实媒介。网络文化素养教育在时间和空间上都面临着前所未有的延伸和拓展。在时间上，网络文化素养教育不停留在青少年身上，而是伴随人的一生，真正需要“活到老，学到老”。在空间上，网络文化素养教育将超越传统的课堂和学校，演变为更为广泛的社会化和网络化教育。而公众要提高自身的网络文化素养也需要终身学习，这一目标不能一蹴而就。

3. 坚持受教育者的主体性原则

习近平在学校思想政治理论课教师座谈会上指出，思想政治理论课教学要坚持八个相统一，这八个相统一具有内在的统一性，涉及思想政治教育本身，其中坚持政治性和学理性相统一、坚持价值性和知识性相统一具有特殊的重要性。坚持政治性和学理性相统一，就是以透彻的学理分析回应学生，以彻底的思想理论说服学生，用真理的强大力量引导学生。坚持价值性和知识性相统一，就是寓价值观引导于知识传授之中。也就是说，道德人格是否养成，人生道理是否觉悟，新时代中国特色社会主义的“大道”能否入脑入心，并不是一个简单的“知道”“不知道”的知识论问题，而是一个知识性、学理性和政治性并重且内在统一的铸魂育人过程。

开展大学生网络文化素养教育更要以受教育者为中心开展相关的教育实践活动。网络文化素养教育要重视理解力的培养，除了让受教育者了解和认识网络以及网络文化的特点，更多的是要培养受教育者的批判意识，所以要善于鼓励教育对象勇敢地表达自己对网络的认识、对网络内容的看法，使他们在讨论中和具体的批判实践中获得启迪和进步。

（三）大学生网络文化素养教育的做法与形式

20 世纪 30 年代，英国率先提出“媒介素养教育”的概念，旨在引导大众正确地认识媒介，抵制媒介的不良影响。随着社会的发展，媒介素养教育的内容和途径都发生了深刻的变革，更加注重培养人们对媒介信息的分析辨别能力和媒介运用水平，让每个人充分享有媒介权利，成为媒介的“主人”。从 20 世纪七八十年代开始，媒介素养教育已经在许多发达国家得到了重视和普及。20 世纪 90 年代以来，我国开始逐步推进媒介素养教育的理论研究和实践探索，其中以学校媒介素养教育课程的开发为主，校外阵地的媒介素养教育也有一些尝试和探索。例如，广东省少年宫在 2012 年建立了青少年网络安全及媒介素养教育研究基地，成立课题组并先后完成多项国家重点课题；中国儿童中心实施了少年儿童媒介素养提升计划，于 2013 年至 2014 年先后编著了《儿童媒介之旅》《媒介素养教育手册》；中国青少年宫协会于 2014 年成立了儿童媒介素养教育研究中心，确定了面向全国开展的多项调研课题；成都市青少年宫从 2014 年 10 月到 2015 年 3 月，通过调研了解“00 后”成都儿童的媒介化生存和成长状况；2018 年，由中国青少年宫协会主办，由中国青少年宫协会主办的儿童媒介素养教育研究中心、宫协主题活动专委会、宫协媒介教育部组织，广州市少年宫承办的 2016–2017 年度全国青少年宫系统儿童网络安全和媒介素养调研及主题教育活动总结

工作会议在北京召开。

第二节 网络文化素养教育探析

案例一：烈士后代起诉侵权第一案

【案例描述】

2018 年 5 月 8 日，“暴走漫画”在“今日头条”等平台发布了一段 58 秒长，含有戏谑董存瑞烈士和叶挺烈士内容的短视频，其中含有对烈士侮辱性质语言。在这则视频中，王尼玛将为炸毁敌人碉堡英勇牺牲的董存瑞烈士戏谑为“八分堡”（一种汉堡），还将叶挺烈士在狱中的作品《囚歌》篡改，加入了低俗下流的语言。该短片播出后，受到众多网友的强烈谴责。①

2018 年 5 月 24 日，叶挺烈士之子叶正光及孙辈一起向西安市雁塔区人民法院提交了对西安摩摩信息技术有限公司（暴走漫画）的起诉书，法院立案受理。该案被称为“烈士后代起诉侵权第一案”。

2018 年 9 月 28 日，此案在西安市雁塔区法院当庭宣判。法院判决西安摩摩信息技术有限公司在三家国家级媒体上连续 5 天公开发布赔礼道歉公告。同时，判令被告西安摩摩信息技术有限公司于判决生效之日起三日内赔偿原告精神损害抚慰金共计 10 万元。

【案例分析】

2020 年 5 月，文化和旅游部部署查处丑化恶搞英雄烈士等违法违规经营行为，要求相关互联网文化单位开展全面排查清理工作，共下线涉嫌违规视频 6 万余条，清理有关信息 1.7 万余条，处置违规账号 8030 个。在这之前，有多少青年学生因此而迷失自我、价值观混乱，为什么会出现这样的问题？

第一，自媒体缺少自律自查。“‘暴走漫画’为什么专挑中小学生课本里的英烈丑化和调侃？他们的目的是利用青少年辨别力不足和逆反期心理，毁损人们共同的思想基础，颠覆社会主流价值。”叶挺之孙、著名导演叶大鹰说。中国人民大学法学院教授

① 央视网．侮辱革命先烈，800 万粉丝“历史大 V”被封号 [EB/OL].（2019-09-10）[2022-07-08]. https：//mp.weixin.qq.com/s/TnNEYRbl_MztBkSM4SJZiw。

刘俊海认为，依法惩处侵害英烈权益等违法行为，其意义不仅在于惩恶，更大的意义是正风，起到震慑和警示作用，形成崇尚英雄、敬畏英烈的整体社会氛围。“近年来网络平台频频出现丑化诋毁英烈的内容，原因在于一些自媒体缺少自律自查机制，为了吸引关注、谋求商业价值，热衷于‘打擦边球’，其传递的历史虚无主义与社会主义核心价值观背道而驰。”清华大学法学院教授程啸分析说。

第二，娱乐至上的心态对主流价值观的冲击。“暴走漫画”称自己“习惯以一种娱乐化的方式去表达观点和态度”。专家表示，什么样的娱乐都不能搞低俗、庸俗、媚俗，都不能背离公理、破坏伦理、违背情理，都不能挑战社会底线、法律边线。现实中，网络平台方也应负起责任，强化技术监测、深化内容监管，发现侮辱英烈名誉等内容信息应及时删除、屏蔽，有效切断传播链，减少覆盖面。专家指出，《英烈保护法》一大亮点在于建立对侵害英雄烈士名誉荣誉案件的公益诉讼制度，规定英雄烈士没有近亲属或者近亲属不提起诉讼的，检察机关要依法向法院提起民事公益诉讼。“由检察机关提起公益诉讼的新形式，有助于更有效地遏制和制裁诋毁英烈的行为，形成更强大的警示和震慑效应。”程啸同时指出，在司法实践中，对于侮辱诽谤等带有主观判断色彩的行为仍需要形成较为明晰的界定标准。明确划定边界，可以更有力地构建起保护英烈权益的“铜墙铁壁”。“精神生态的修复难度不亚于自然生态，法律不仅是高压线，还要真正通上电。”叶大鹰表示，要让《英烈保护法》“长出牙齿”，发挥利剑出鞘、一剑封喉的效用。“一个好判例远胜于空洞说教”，刘俊海建议，法院应当及时公布一批具有指导意义的典型案例，为司法实践提供借鉴，积极推动同类案件的审理进程，以更为坚实的法律保障告慰英烈，还网络一片清朗空间。

第三，参与讨论的大学生等网民容易受到消极影响和正向强化。互联网时代的快速发展，对人们的生活方式、生活理念产生了深刻的影响，随着抖音、快手等短视频平台的崛起，普通百姓在互联网上获得了更自由的发言权和更快捷的关注度，全民正在参与一场大型的网络聚会。因此，即使是网络上的一件小事，经过网民不断评论发酵、转发点赞，很可能会成为全民高度关注的大事。很多自媒体为了博眼球、夺关注，会想办法将信息戏谑化、娱乐化，往往会对青少年大学生带来消极影响和正向强化，即认为这样的娱乐化解读是对的、合理的。当大学生再遇到类似的场景时，他也会倾向于从这个角度去解读，带来的后果将不可设想。

近年来，社会上历史虚无主义错误思潮和观点不断出现，有些人以“学术自由”“还原历史”“探究细节”等为名，通过网络、书刊等媒体歪曲历史特别是近现代历史，丑化、诋毁、贬损、质疑英雄烈士，造成了恶劣的社会影响，引起社会各界的

愤慨谴责。在2017年全国两会上，有251人次全国人大代表、全国政协委员和一些群众来信，建议通过立法加强英雄烈士保护。2017年4月，习近平总书记对英雄烈士保护立法做出重要批示。回应社会关切，回击丑化、诋毁英雄烈士的恶劣行为，加强英雄烈士保护立法十分必要。制定英雄烈士保护法是建设具有强大凝聚力和引领力的社会主义意识形态，巩固中国共产党执政地位和中国特色社会主义制度的内在要求，是弘扬社会主义核心价值观和爱国主义精神，崇尚捍卫英雄烈士，维护社会公共利益的必要措施。

习近平总书记指出："实现我们的目标，需要英雄，需要英雄精神。我们要铭记一切为中华民族和中国人民做出贡献的英雄们，崇尚英雄，捍卫英雄，学习英雄，关爱英雄。"[①] 英雄烈士的事迹和精神是中华民族共同的历史记忆和宝贵的精神财富，是中国共产党领导中国各族人民96年来不懈奋斗伟大历程、可歌可泣英雄史诗的缩影和代表，是实现中华民族伟大复兴的强大精神动力。

第一，坚定理想信念，坚持"四个自信"。网络文化由于主客体都是不受限定的，所以它呈现的文化形式也是多种多样纷繁复杂的。要想在这样冗杂的文化中坚守立场，首先要坚定自己的理想信念，还要不断学习马克思恩格斯的经典著作，学习党中央的各项文件，领会习近平总书记的各种讲话精神，坚定理想信念，不被网上的负面信息左右，辩证地看待网络的消极事件；要坚决警惕以美国为首的西方反动势力网络意识形态的渗透，坚守网络文化的主战场。近年来，西方的享乐文化、奢靡文化等与主流价值观不符的文化样态越来越多。它们通过网络文化，以来不及察觉的方式渗透在大学生身边。大学生应坚持中国特色社会主义道路，坚定不移地捍卫中国特色社会主义。在理论上进一步坚持和丰富中国特色社会主义理论体系。在制度上，进一步坚持和完善中国特色社会主义制度，与时俱进地发展中国特色社会主义；在文化上，继承和弘扬中华优秀传统文化，赋予它更具活力的时代内涵，不断培养自己在纷繁复杂的网络文化中具有坚定理想信念的能力。

作为当代大学生，应该提高自己的道德修养，紧跟时代步伐，提高自身思想政治觉悟。当今时代倡导社会主义核心价值观，大学生的意识形态应该紧跟着这个时代的主题，不能盲目地被西方文化价值观念所俘虏，吸收其可取的部分，杜绝其与中国价值观相悖的部分，加强自身的道德修养，提高自身的政治觉悟，坚持忠于国家，坚决不做西方文化载体的隶属品。

---

① 习近平在颁发"中国人民抗日战争胜利70周年"纪念章仪式上的讲话（2015-09-02）[2022-07-11]. http：//www.gov.cn/xinwen/2015-09/02/content_2924258.htm.

第二，要增强网络意识，透过现象看本质。网络语言是开放的语言，任何人都可以在其中发表观点阐述想法，辅导员是大学生直面的最亲近的导师，他的一言一行对学生起着潜在的隐性思想政治教育的作用。在互联网发达的今天，辅导员开设的微信、微博已经成为其与大学生交流沟通的工具。因此，辅导员要加强自身的思想提升，树立正确的意识，才能在当下信息高速传递的时代，将正确的意识传达给学生。

第三，要主动学习了解网络有关法律和条例，法律不允许做的事坚决不做，同时掌握历史唯物主义和辩证主义的理论和方法。面对网络热点事件，一定要学会看出处、辨是非，透过语言的现象来认识事件的本质。特别是面对那些背离社会主义核心价值观的事件、言论，一定要保持警惕，避免受其背后的意识形态影响。《英烈保护法》明确规定，任何组织和个人不得在公共场所、互联网或者利用广播电视、电影、出版物等，以侮辱、诽谤或者其他方式侵害英雄烈士的姓名、肖像、名誉、荣誉。

案例二："丧文化"流行背后的思考

【案例描述】

自 2016 年以来，"小确丧"一词开始风靡网络，"丧文化"大行其道。一家以负能量为调性的、名为"丧茶"的奶茶店是继"喜茶"奶茶店之后的新晋网红奶茶店。此外，微博、微信等网络社交媒体中也经常出现各类"毒鸡汤"和以颓废、挫败、自嘲为主题的尖刻戏谑段子，"葛优躺""悲伤蛙佩佩蛙（Pepe the Frog）""有四肢的咸鱼""马男波杰克"等图文表情包更是以其直接的表达力深受青年群体的追捧，被广泛运用于网络社交。至此，"丧文化"开始以一种全新的"青年亚文化"形式广泛出现在社会的方方面面。在 2019 年 3 月召开的学校思想政治理论课教师座谈会上，习近平总书记重点强调："青少年阶段是人生的'拔节孕穗期'，最需要精心引导和栽培。"高校大学生作为青年群体中思想最为活跃的组成部分，其现象的产生与兴起也说明大学生群体在网络时代下价值取向上的偏差。如何引导大学生群体正确认知"丧文化"，形成正确的世界观、人生观、价值观，对高校思想政治教育工作者带来了新的挑战。①

【案例分析】

"丧文化"作为近两年来走红网络的一种"青年亚文化"现象，众多学者分别从语言学、社会心理学、新闻传播学等学科角度对"丧文化"展开研究。但囿于刚刚起步，

① 郝文斌，张鹏飞．网络"丧文化"影响青年大学的样态分析[EB/OL].（2020-10-30）[2022-07-18]. https://mp.weixin.qq.com/s/Vt4CwZp68lbXlo7B1NRXXQ.

现有的“丧文化”研究成果较少，多以媒体的分析报道或评论为主，注重从文本和受众，通过个人或集体所呈现的文化表征，来探索、理解表面和深层隐藏着的社会现象、矛盾、问题以及背后的意识形态。杜骏飞认为，“丧文化”是青年人的一种“习得性无助”与自我反讽；邓科等人认为“丧文化”是一种可以使客体心理减压和能量补充的表达形式；另有研究者提出，对“丧文化”的非主流标签化，激发了青年群体集体意识从无到有的再次转变。此外，还有学者从语言模因论和市场营销等角度对“丧文化”进行了分析。对于“丧文化”，目前舆论大致有两种观点：一是“侵蚀腐化论”，认为“丧文化”会摧毁青年人的精神世界，危害青年人的个人成长和社会和谐；二是“温柔反抗论”，认为“丧文化”是“社会问题的一种反映”，是“年轻人向他们所生活的社会和世界提出温柔的反抗”，主流社会应该报以同情和理解。尽管这两种看法相悖，但它们的实质内容是相同的，二者皆希望人们重视“丧文化”。“丧文化”反映出当前青年的精神特质和集体焦虑，在一定程度上可以认为是新时期青年社会心态和社会心理的一个表征，而不仅仅是一时的网络炒作。“丧文化”现象背后是青年群体在社会转型背景下的一种精神诉求和社会心态的映射。它有着独特的外在表现形式和内在心理特征，以及因为媒体介入而带来的更为深层的行为转变和心理期待。

“丧文化”的兴起离不开青年群体对新兴文化的好奇感与新鲜感，在一定程度上存在娱乐意味。虽然“丧文化”不会真正使大学生群体彻底萎靡消极、麻木不仁，但此种对待压力报以消极态度的应对做法也是不应被提倡的。“丧文化”是大学生群体宣泄消极情绪的一种表达形式，但大学生群体仍要注意把握好方式方法，在适当程度和适当范围内宣泄负面情绪，切不可在“丧文化”中消沉。大学生群体要充分激发自身健康成长的自觉性，以积极的姿态践行社会主义核心价值观，树立自信心与远大理想，理性看待自己的社会地位，逐渐摆脱遇“难”则“丧”的定律，减少自身对生活的迷茫与消极应对的状态，避免出现所谓的“莫名丧”情绪。大学生群体还应提高思想与判断能力，谨防西方腐朽文化侵蚀，理性对待“丧文化”。大学生要对网络信息中的是非、善恶与美丑有基本的辨识能力，要避免在错误舆论的误导下迷失自我，提高网络社交素养和明辨是非的能力，树立正确的网络观，减少“丧文化”的线上传播和参与，从而避免“丧文化”的负面影响。

第一，对于学生来说，应自觉加强自律精神，进行自我教育，提高社会责任感。一方面，大学生要做到网络行为自律，在日常上网过程中自觉遵守网络道德和网络法律法规，培养自身良好的网络行为习惯，杜绝各种形式的网络攻击，不造谣，不传谣，理性评论，自觉抵制不良网站的侵蚀；另一方面大学生应合理规划上网时间，处理好网络虚拟世界与现实世界的关系，避免由于过度使用手机，成为“低头族”，忽略与同学亲人的交流沟通，甚至对自身健康造成影响。同时，大学生应该不断提升自我学习能力，学会识别网络信息的真伪，提高信息辨识度，主动拒绝传播虚假信息；应弘扬主流文化，宣传社会主义核心价值观，将网络舆论向积极的方向引导。

第二，对于教师来说，无论是思政教师还是专任教师以及高校辅导员等都应该主动提高自身的网络文化素养。教师应该主动关注国家官方媒体，《如人民日报》、新华网、共青团等发布的新闻和案例；在平时跟学生的沟通中，可通过微信和微博或者抖音等与学生互加好友，密切关注学生在自媒体平台上发布的信息。积极主动地通过社交媒体转发正能量的热点新闻事件，间接影响学生的网络价值观。

第三，对于学校来说，应该积极开展网络文化素养教育实践课程，创新教育方式方法。学校可以开展课程思政方面的教学改革试点，将网络文化素养教育融入专业课程体系，如可以在专业课程或通识课程中增加网络文化素养相关知识和概念；探索基于互联网技术的课程思政智慧、课堂教学模式改革，将教学与新媒体、新技术相结合，让互联网技术更好地为教育提供服务。

第三节　网络文化素养提升策略

互联网背景下，大学生思想政治教育遇到了前所未有的挑战和机遇，高校要特别重视大学生日益增长的网络文化需求，加强大学生网络文化素养教育，帮助大学生在虚拟的网络世界不断丰富精神世界、提高文化品位。

一、正确认识网络文化，增强接受网络文化素养教育的意识

高校思想政治教育其中一项重要任务就是教育引导青年学生正确认识世界和中国发展大势，正确认识中国特色和国际比较，正确认识时代责任和历史使命，用中国梦激扬青春梦，为学生点亮理想的灯、照亮前行的路，激励学生自觉把个人的理想追求融入国家和民族的事业，勇做走在时代前列的奋进者、开拓者。当今世界正处在大发展大变革大调整时期，世界多极化、经济全球化、社会信息化、文化多样化深入发展，各种思想文化交流交融交锋更加频繁。一方面，经济全球化促进了不同文化传统之间的沟通、交流和互鉴；另一方面，西方发达国家以强大的经济实力为后盾，在全世界推行文化霸权主义，广大发展中国家的民族文化不同程度地面临被西方强势文化“格式化”的危险。

在这一背景下，继承和发扬中国精神和中国价值就具有更为强烈的时代意义。正如习近平所说的：“一个民族、一个人能不能把握自己，很大程度上取决于道德价值。如果我们的人民不能坚持在我国大地上形成和发展起来的道德价值，而不加区分、盲目地成为西方道德价值的应声虫，那就真正要提出我们的国家和民族会不会失去自己的精神独立性的问题了。如果没有自己的精神独立性，那政治、思想、文化、制度等方面的独立性就会被釜底抽薪。”①可见，突出中国精神、中国价值在高校思想政治教育中的作用，既是对思想政治教育理念和本质的深刻洞察、精准把握，也是对中华文化的理性认知、深沉自信，我们应该提高对信息的辨识能力和判断能力。

随着网络文化的迅速发展，各种社交软件和各种涉黄涉暴力的网站强烈的充斥着网络世界，大学生应该自觉学习中华传统优秀文化，正确认识网络文化；应该提高警觉性，有意识地选择网络文化，选择合法健康绿色的网络；提高自己的自控能力，对色情暴力坚决说“不”；在社交软件中，也要合法交友，不应该做出违法的行为，争取做一名合格优秀的大学生。

二、科学对待网络文化，充分发挥网络文化的正向积极影响

马克思主义唯物史观认为，教育从来就不是抽象的，而是具体的。在阶级存在的社会形态中，教育本身就是政治，是为特定阶级服务的，因此，既不存在所谓的“普世价值”，也不存在放之四海而皆准的“普世教育”。培养什么人一直是教育特别是思想政治教育的首要问题，也是根本问题。国外虽然没有使用“思想政治教育”这一概念，但并不能由此认为它们没有服务于政治的价值观教育和意识形态宣传。因此，大学生要在科学对待网络文化的基础上，充分发挥网络对于中华优秀传统文化的继承和发扬的推动作用。邓小平曾指出，中国之所以在非常困难的情况下奋斗出来，“就是因为我们有理想，有马克思主义信念，有共产主义信念”。正是在这一理想和信念的感召下，一代又一代中国青年奠定了信仰的根基，铸就了品格的灵魂，在革命战争年代为争取民族独立和人民解放冲锋陷阵、抛洒热血，在社会主义革命和建设时期响应党的号召忘我劳动、艰苦创业。现在大学生面临着许多人生成长、学业就业方面的困惑和迷茫，网络是一个方便、快速的载体，大学生要充分挖掘网络文化的内涵，利用互联网技术，将更多更切实有效的成长经验和精神之钙输送到每一个青少年身边。

作为教育主体，更应建设积极健康的青少年流行文化，借鉴其他国家或地区的先进经

① 习近平2014年2月17日在省部级主要领导干部学习贯彻十八届三中全会精神全面深化改革专题研讨班上的讲话。

验，更加重视对青少年文化的引导力度，加大对青少年文化建设的投入力度，引入社会组织投资青少年文化活动，推动青少年文化团体的交流，从而切实承担起引导青少年文化的责任，坚持以社会主义先进文化为价值导向，将公益性与公共性放到第一位，严格抵制网络文化的低俗化、庸俗化，完善网络文化市场监管体系，切实维护好文化市场的清洁。

三、用心打造育人新载体，积极参与营造良好的网络文化氛围

优秀网络文化活动是提升大学生网络文化素养的有力载体。利用校园媒体的优势，组织策划校园网络文化活动，充分发挥网络文化滋养人心的作用，引导广大青年培育崇德向善的网络生活方式，养成文明守法的网络行为习惯，为清朗网络空间建设聚集力量；开发建设满足大学生学习、发展、社交等需求的网络载体，形成一站式网上服务平台；打造优秀网络品牌栏目，引导教学名师和学生骨干等在网络上开设专栏，开展网上网下校园主题教育活动，网聚人气，提升网络活跃度。

网络文化内容建设应有深度有温度，广泛动员青年学生利用所知所学，积极参与网络文化建设，不做沉默的大多数，要做网络文化的建设者和维护者。做好优秀网络文化作品的展示工作，既是对优秀作品创作者的认可和肯定，也为下一步更好地开展工作铺平了道路。优秀作品的展示，扩大了文化育人的覆盖面和影响力。另外，还要严厉打击网络违法违规行为，确保高校网络生态风清气朗。

通过推进高校校园媒体建设来提升大学生网络文化素养，是推动思想政治工作传统优势同信息媒体技术高度融合的具体举措，是有效地提高大学生社会主义核心价值观的重要途径，能全面促进大学生成长成才。发挥校园媒体在校园文化建设中的积极作用，为高等教育的发展提供重要的支持和保障。提出了高校媒体育人、信息技术与网络素养整合的新模式，增强校园媒体在大学生群体中的影响力，凝聚青年学生，引导青年思想，掌握高校思想政治教育工作的话语权，营造良好的大学网络文化氛围，提升大学生的网络文化素养。

四、充分发挥主观能动性，创造符合主流价值观的网络文化作品

首先，要加强理论研究，明确网络文化产品创作的原则和要求。作为高校网络思想政治教育的有形载体，高校校园网络文化产品的创作应体现思想性、教育性、文化性、情感性、创新性等原则，既要确保师生喜闻乐见，又要教育引导潜移默化；既要融入和反映师生学习生活，又要体现思想力度、滋养心灵；既要传递正能量、传播真善美，又要融入时尚、符合潮流。

其次，要加强顶层设计，统筹设计网络文化产品的创作内容和形式。一方面，要通过队伍建设，培育网络名编名师。另一方面，要突出“内容为王”，瞄准“热点”“焦点”，创作名篇名作。同时，要瞄准当代大学生品牌心理，推进网络文化产品品牌建设。一方面可以重点投入建设一部分网络文化作品工作室，打响品牌，用工作室品牌去感召和影响大学生；另一方面可以结合学校文化实际，打造部分文化品牌形象，用品牌形象去感染学生和影响学生。

最后，加强我们对网络这门技术的认识和学习。熟练地运用网络技术，有利于大学生更好利用网络，更好地通过网络学习和了解各种各样的知识文化，了解中西方的文化。大学生应该充分利用大学中的校园网络文化，如各种微信公众平台，积极在公众平台上发表健康积极的文章，在不断提高自己思想意识水平的同时，提升其他大学生的思想意识水平。

此外，高校网络思想政治教育想赢得教育主动权，必须扩大校园网络文化产品辐射范围，使之成为高校思想政治教育的主要任务、主要动力和主要力量。一是融入校园文化，推进校风建设。将校园文化建设融入文创产品，通过设计出宣传校风校训的动画片、H5、书签等产品且在学习中推广，营造出浓郁的校风校情。二是加强思想政治教育，推进学术文化建设。将马克思主义思想政治教育资源融入网络文化产品，研发出相关的微信推文、漫画解读、动画讲述等产品，提升网络文化产品的核心精神和产品背后的深刻含义。三是汇聚多重资源，推进网络文化建设。将马克思主义思想、校园文化、互联网等多渠道多元化的资源融入产品，设计出富有思想引领、正能量、青春活力的网络文化产品。同时注意集知识性、娱乐性、趣味性和政治性于一体，图、文、声、像各种手段并举，力求用正确、积极、健康的思想文化占领网络阵地。

2016 年 9 月我国发布了《中国学生发展核心素养》的总体框架，提出人文底蕴、科学精神、学会学习、健康生活、责任担当和实践创新等六大素养。我们应该意识到，网络文化素养加入我国教育体系既是信息社会培养公民素养的时代要求，也是青少年心理健康发展的必然要求，是应然与必然的统一，更是对信息时代推进学校教育创新与课程改革、落实学生核心素养培育的积极响应。

大学生网络文化素养的教育是一个繁杂且必须细致面对的重大而科学的系统工程，需要多个社会主体进行积极密切配合，这离不开高校、家庭、学生的相互协作。高校在日常的教育教学过程中发现问题应及时处理，同时与家长联系反馈处理情况与教育意见，求同存异，落实统一的教育思路，运用与时俱进的教育方法干预学生的不良行为。这样的工作方法，有利于大学生网络文化素养的提升。

后　记

随着网络媒介的多元化、生活化，人们逐渐认识到网络影响政治、经济、文化等方面的重要性。人们对网络素养内涵的研究也逐渐深化，从关注网络技术的运用能力向关注网络道德及利用网络发展人的综合素质方向拓展。为人们在网络社会生存与发展指引方向的教育需求也越发强烈，网络素养教育列为一门独立课程的呼声越发强烈。为此，广西师范大学“青言新语”网络思想政治教育工作室组织长期在工作一线的辅导员设计开发网络素养教育课程，并编写本书作为教材，尝试在全校本科生中开设通识教育选修课，在教育实践中积极探索大学生网络素养教育机制和路径。本书是2022年度广西高校大学生思想政治教育理论与实践研究课题“新时代大学生网络素养教育路径研究”的成果之一。

本书力求通俗易懂，每章都按照“理论认知 - 案例聚焦 - 素养提升”这一基本逻辑，采用大量贴近现实、可读性强的案例、数据展开陈述，并借鉴引用众多专家学者的研究成果，帮助读者更好地理解网络素养的内涵和提高网络素养的要求、方法。本书具有较强的针对性和应用性，也具有一定的学术性。

本书得以顺利出版，要感谢高校思想政治工作队伍培训研修中心、教育部高校辅导员培训和研修基地（广西师范大学）的支持，要感谢广西师范大学党委常委、宣传部部长汤志华教授、福建技术师范学院副院长陈志勇教授，以及广西师范大学马克思主义学院田旭明教授、张红教授的指导和帮助。还要感谢编写团队的高效合作和辛苦付出。本书的编写撰稿分工为：第一章曾振华、陈浏寰；第二章周佳樑；第三章陈艺中；第四章廖慧芝；第五章李秋；第六章卢泓宇、姚晨洋；第七章陈浏寰、曾振华、何秋玲；第八章杨宁，最后由曾振华完成全书的统稿和修改。由于编写时间紧促，如文中有不足之处敬请谅解。